神秘果栽培与利用

张秀梅　马飞跃　主编

中国农业科学技术出版社

图书在版编目（CIP）数据

神秘果栽培与利用／张秀梅，马飞跃主编. --北京：中国农业
科学技术出版社，2022.9
ISBN 978-7-5116-5895-1

Ⅰ.①神… Ⅱ.①张… ②马… Ⅲ.①果树园艺 Ⅳ.①S66

中国版本图书馆 CIP 数据核字（2022）第 161825 号

责任编辑	史咏竹	
责任校对	马广洋	
责任印制	姜义伟 王思文	

出　版　者　中国农业科学技术出版社
　　　　　　　北京市中关村南大街 12 号　　邮编：100081
电　　　话　（010）82105169（编辑室）　　（010）82109702（发行部）
　　　　　　　（010）82109709（读者服务部）
网　　　址　https://castp.caas.cn
经　销　者　各地新华书店
印　刷　者　北京建宏印刷有限公司
开　　　本　170 mm×240 mm　1/16
印　　　张　10.5
字　　　数　178 千字
版　　　次　2022 年 9 月第 1 版　2022 年 9 月第 1 次印刷
定　　　价　59.00 元

《神秘果栽培与利用》

编写人员

主　　编：张秀梅　　马飞跃

副 主 编：张　明　　袁晓丽　　白　净

编写人员：张秀梅　　马飞跃　　张　明　　袁晓丽

　　　　　白　净　　李　娅　　徐行浩　　陈荣豪

　　　　　贺军军　　陈　妹　　乔　健　　邓　旭

　　　　　帅希祥　　黄文佳　　陈李雨嘉　陈　岚

作者单位

中国热带农业科学院南亚热带作物研究所

中国热带农业科学院科技信息研究所

目　录

第一章　神秘果概述

第一节　神秘果的栽培意义

神秘果（*Synsepalum dulcificum* Denill）属山榄科热带常绿灌木（图1-1），又称变味果，原产于西非、加纳、刚果一带。神秘果树株型矮小，株高 2~5 m，生长慢，3~4 龄才结果；枝叶紧凑，枝条弹性好；叶片呈倒披针形或倒卵形，全缘；花呈白色；果实为小浆果，椭圆形，花生仁大小，成熟时果皮朱红色，果肉乳白色且很薄，味微甜；种子橄榄形，单个。

神秘果果肉中含有神秘果素（Miraclin），是一种糖蛋白（变味蛋白酶），能改变人的味觉，食用神秘果后，吃酸的食物也感觉味甜，这种蛋白酶能催化柠檬酸、苹果酸转化为果糖，也能促进人体摄取水果中的微量元素及果酸，活化人体细胞，具有强身、美容、减肥等功效。

神秘果果肉含有丰富的糖蛋白、维生素 C、柠檬酸、琥珀酸、草酸等，种子含有天然固醇等；叶片含有钠、钾、钙、镁等微量矿物元素；果实含花青苷、黄酮醇色素、三萜烯醇（如 α-香树素、β-香树素）、甾醇（主要为菠菜甾醇）等，常生吃成熟果实或浓缩锭剂对高血糖、高血压、高血脂、痛风、尿酸、头痛等有调节功效。此

图 1-1　神秘果植株

外，果汁涂抹于蚊虫叮咬处，能消炎消肿；种子可缓解心绞痛、喉咙痛、痔疮等。

神秘果叶片是一种纯天然的"植物味精"，可搭配任意食材用于煲炖汤、制作火锅与面食底汤，使汤鲜美、有营养；也可用于制作各种风味的卤味；还能用来泡茶。神秘果叶片泡茶或烹饪有助于调节血糖与血压、保护心脏、美颜瘦身、排毒通便、控制尿酸、缓解痛风症状，并且能解酒。

神秘果枝叶提取物含总酚 66.5%，对 DPPH 自由基清除能力是谷胱甘肽的 7.9 倍；对氧自由基吸收能力是谷胱甘肽的 7.0 倍，具有良好的黄嘌呤氧化酶抑制活性，可用于制备抗氧化剂、抗痛风药物和保健品。果实热水提取物对花生油烯酸致的耳廓肿胀有抑制作用，在细胞培养中对游离组胺释放有抑制作用。果实 50% 乙醇提取物有消除超氧自由基的作用。果实甲醇提取物有消除 DPPH 自由基作用，对酪氨酸酶活性有抑制作用。因此，神秘果可作为抗氧化剂、抗炎剂、抗过敏剂、皮肤美白剂用于护肤化妆品。

神秘果树耐修剪，果实成熟时鲜艳美观，花、叶、果都具有较高的观赏价值，是理想的绿化树种，也适合作圆形或云片式树形的盆景。另外，神秘果树耐阴性好，适宜盆栽。

第二节　神秘果在世界的传播

神秘果原产于非洲西部，在当地称被为 Agbayun、Taami、Asaa 或 Le-didi 等。其果肉酸涩，含有糖蛋白，食用 2 h 内再食用其他酸性水果，酸性水果不再是酸味而变为甜味，故名神秘果，也称变味果。而神秘果作为甜味剂植物利用，在当地民间并无历史记载。此外，神秘果在印度尼西亚的丛林中也有发现。

1725 年，欧洲探险家 Des Marchais 骑士到西非旅行时发现，当地人们采摘一种灌木的浆果在饭前嚼食，可使其他食物变甜，此后，神秘果才开始引起世人的注意。

20 世纪 70 年代，美国试图将神秘果作为无糖甜味剂进行商业化开发，由于该项目的开发有可能会影响到制糖业，造成市场食糖需求下降，从而导致制糖业的商业损失，最后以失败告终。美国食品和药物管理局（FDA）规定，神秘果的浆果只作为食品添加剂使用，即只能贴上"膳食补充剂"的标签，而不是"甜味剂"。因此，有节食需求的消费者只能购买神秘果蛋白的药丸服用。

中国于 20 世纪 60 年代开始引入神秘果进行种植。云南西双版纳热带植物园于 1963 年从加纳引种栽培神秘果。在 1964 年，周恩来总理前往西非访问时，加纳共和国阿普里植物园将神秘果作为国礼送给周恩来总理，周恩来总理在回国后，将神秘果转交给中国科学院热带作物研究所。此后，华南植物园、西双版纳热带植物园、武汉植物园、深圳市仙湖植物园、厦门市园林植物园、广西植物研究所、江苏省植物研究所也开始栽种神秘果。但是一直以来，国内多将神秘果作为一种果树种质资源保存，未进行商业开发生产。

1979 年，云南、广东、广西[①]、海南、福建陆续引种神秘果种植。福建省漳州市 2000 年从我国台湾引进神秘果栽培，在 2003 年第五届海峡两岸（福建漳州）花卉博览会上展出，受到广大参观者的青睐。我国台湾较早开展神秘果观赏商品的开发和生产。21 世纪初，台湾花商将在我国台湾生产的神秘果盆栽植株运到广东作为一种珍奇的观赏盆景销售，并且把种苗引到广东进行生产，将其"神秘"之处作为卖点，大力宣传推广，获利颇丰，之后，广东以及南方地区其他省份的一些花卉企业也陆续开始繁殖生产盆栽神秘果。目前，盆栽神秘果在花卉市场卖得红火，价格虽有所下调，但花农、果农仍能获得较高的经济效益。神秘果药食兼用，并具有一定的观赏价值，是一种有开发前景的热带果树新资源。

神秘果作为一种有趣的观赏植物，宜在我国高温、高湿的亚热带、热带地区种植。目前海南、广东、广西、福建等地均有种植。

第三节　神秘果的植物分类

一、山榄科（Sapotaceae）植物

山榄科（Sapotaceae）植物为乔木或灌木，有时有乳汁；单叶互生，常密聚于枝顶，革质或有时纸质，全缘，托叶无或早落；花簇生，有时有总花梗，较少单生，腋生或生于无叶老枝或茎上，辐射对称，通常两性，很少杂性或单性；萼片 4~6 片，很少 7~8 片，常基部合生；花冠合瓣，裂片 4~8 片或为萼片数之 2 倍，有时多数，覆瓦状排列或旋转状排列，

---

① 广西壮族自治区，全书简称广西。

全缘或顶端 3 裂，有时背面有附属体；雄蕊通常着生在花冠喉部或花冠裂片的近基部，与花冠裂片同数而对生，或多数而排成 1~3 轮，花药 2 室，药室纵裂，不育雄蕊有或无，如存在则与发育雄蕊互生，鳞片状或花瓣状，通常无残存花药；子房上位，1~18 室，很少更多室，每室有 1 颗胚珠，花柱通常长，结果时宿存或脱落；浆果，很少蒴果状；种子 1 颗至数颗，常褐色而光亮，种脐大，疤痕状，侧生或基生，胚乳有或无，子叶厚或薄，有时叶状。

山榄科植物有 35~75 属（属的界限学者们意见不一），约 800 种，广布于热带和亚热带地区。我国引种栽培共 12 属，约 27 种；广东 9 属（12 种、3 变种），其中，2 属（4 种、1 变种）为外来植物。

山榄科植物的重要经济用途为：①植物体各部分的乳汁均可提取类似橡胶的物质，它是优良的绝缘材料，著名的古塔波胶（Gutta-percha）即为一例，但国产种类是否有利用价值未见报道；②不少种类的种子含油率很高，是制肥皂的优良原料，有些可供食用；③某些种树皮含单宁，可提制栲胶；④有些种类是上等商品木材，国产种类中不少是高 20 m 以上的大乔木，如紫荆木和海南紫荆木；⑤肉质果实常可食用，自国外引入栽培的人心果和星苹果在国内市场均有销售，国产的某些种类其果实也可食用；⑥有些种类（如金叶树）叶色华丽、花有幽香，是很好的庭院观赏树木和城市绿化树种。

山榄科植物分类检索表

1. 无不育雄蕊。
 2. 发育雄蕊多于 10 枚；花冠 8~10 裂 ……………… 紫荆木属 *Madhuca*
 2. 发育雄蕊 5 枚；花冠 5~7 裂 ……………… 金叶树属 *Chrysophyllum*
1. 有不育雄蕊。
 2. 花冠裂片复 3 裂，或背面两侧各有 1 附属体。
  3. 萼片和花冠裂片均 6 片 ……………… 铁线子属 *Manilkara*
  3. 萼片和花冠裂片均 8 片 ……………… 香榄属 *Mimusops*
 2. 花冠裂片不再分裂（最多顶端齿裂），亦无附属体。
  3. 花丝基部两侧各有 1 束长毛或 1 条侧毛；不育雄蕊顶端芒状
   或芒状尾尖 ……………… 刺榄属 *Xantolis*
  3. 花丝基部无毛或毛被物与上述不同；不育雄蕊顶端不呈芒状。

4. 果大，近球形，直径 1.8～8cm，通常 2.5cm 以上，种子有侧生、长圆形或桶圆形的疤痕 ·············· 桃榄属 *Pouteria*

4. 果较少，长圆形，椭圆形或近卵形，很少近球形，长通常不超过 1.5cm，很少达 2cm。

   5. 种子有侧生，狭长之疤痕。

      6. 萼片仅基部合生；花冠裂片明显长于冠管··········· ·············· 山榄属 *Planchonella*

      6. 萼片 2/3～3/4 合生；花冠裂片与冠管近等长······· ·············· 神秘果属 *Synsepalum*

   5. 种子有近基生的圆形疤痕··········铁榄属 *Sinosideroxylon*

二、神秘果属（*Synsepalum*）植物

乔木或灌木。叶通常密聚于小枝上部或分枝处，近革质。花簇生叶腋；萼片 5 片，合生至中部以上；花冠 5 裂，裂片背面无附属体；雄蕊 5 枚，与花冠裂片对生，花丝与花药近等长或稍长，不育雄蕊 5 枚，披针形或近卵形；花柱甚长，柱头小。浆果；种子通常 1 颗，疤痕侧生，无胚乳。

神秘果属约 10 种，产于非洲西部，我国栽培有 1 种。

三、神秘果（*Synsepalum dulcificum* Shumach. & Thonn. Daniell）

我国栽培的神秘果原产地是非洲西部，海南、广州和湛江等地有少量栽培。

该种神秘果为灌木或小乔木。叶常簇生于小枝上部或分枝处，薄革质，倒卵形或倒披针形，长 3.6～11.0 cm，宽 1.5～3.5 cm；顶端圆或有时钝，很少近短尖，基部渐狭，两面无毛；侧脉 7～9 对；叶柄很短。花单生或簇生于叶腋；花梗短；萼管有直棱，长 3～4 mm，萼齿近三角形，被柔毛；花冠白色，冠管狭，约与萼管等长；花期在夏季。浆果长圆状，长 1.0～2.0 cm，红色、无毛；种子 1 颗，疤痕侧生、线形，几乎与种子同长。

该种神秘果的果肉和果皮酸甜可食，因果肉含一种变味蛋白，能影响味蕾，故食此果后较短时间内食酸（如柠檬）或苦（如奎宁）的食物，均会产生甜的感觉，在非洲西部人们称这种植物的果实为奇异浆果（Miraculous berry），我国则称为神秘果。

第二章 神秘果成分分析及其生物活性

第一节 神秘果主要活性部位

一、果 实

神秘果的果实为浆果，有时为核果状，果肉近果皮处有厚壁组织形成的薄革质至骨质外皮，果皮红色，外有细小绒毛，果肉白色或乳白色，较薄。种子1颗至数颗，通常具油质胚乳或无，种皮褐色，硬而光亮，富含单宁，有各种各样的疤痕，子叶薄或厚，有时叶状。在神秘果果实中，种子占整个果实鲜重的32%~38%。

二、枝 叶

神秘果的枝叶有时具乳汁，髓部、皮层及叶肉有分泌硬橡胶的乳管，幼嫩部分常被锈色，通常2叉的绒毛。单叶互生，近对生或对生，有时密聚于枝顶，通常革质，全缘，羽状脉。托叶早落或无托叶。

三、根 茎

神秘果的根系喜高温、潮湿、排水良好的酸性土壤。除主根外，侧根发育较少，抗病虫害能力较强。目前对神秘果根茎功能成分的相关研究成果较少。现从神秘果根茎中分离得到的物质有丁香酸、对羟基苯甲酸、香草酸、藜芦酸、丁香酸、2,5-二甲氧基苯酚、4,5-三甲氧基苯甲酸、烟酸、甘油、β-谷甾醇和豆甾醇、对羟基苯甲酸甲酯、异戊酸、N-顺式-阿魏酰苯胺、N-反式-阿魏酰基苯胺、N-顺式-阿魏酰基-3-甲氧基酪胺和N-反式-阿魏酰基-3-三羟甲基氨基甲烷。此外，在神秘果茎中分离得到二氢-阿魏酰-5-甲氧基酪胺丁香脂素及其衍生物。其中，二氢-阿魏酰-

5-甲氧基酪胺是一种新的氨基化合物；丁香脂素及其衍生物具有抗氧化活性，对黑色素瘤活性有明显的抑制作用，对蘑菇酪氨酸酶的活性同样具有抑制作用。

第二节　神秘果成分分析

一、神秘果果皮和果肉成分分析

（一）神秘果果皮及果肉中主要营养成分

神秘果果实所含营养成分种类丰富，主要为粗纤维（Crude fiber）、可溶性总糖（Total soluble sugar）、酚类（Phenols）、黄酮类（Flavonoids）、花色苷类（Anthocyanins）化合物，且神秘果果实中所含营养成分如表2-1所示。其中，神秘果果皮、果肉、种子所含酚类物质占果实总酚含量分别为36.72%、15.82%和47.46%；神秘果果皮中总黄酮含量较多，其果皮、果肉、种子所含黄酮类物质所占果实总黄酮含量分别为51.99%、11.99%和36.02%。

表2-1　神秘果果实主要营养成分含量

主要营养成分	含量	主要营养成分	含量
粗脂肪	0.0 g/100g	五环三萜类	0.9 g/100g
碳水化合物	22.5 g/100g	总黄酮	9.9 mg/100g
粗纤维	12.5 g/100g	总酚	1 448.3 mg/100g
粗灰分	1.0 g/100g	维生素 A	37.2 μg/100g
可溶性总糖	5.6 g/100g	维生素 C	40.1 mg/100g
总花色苷	14.3 mg/100g		

神秘果果实营养丰富，除直接鲜食外，还可用于制作冻干果粒、果脯等，加工得到的抗氧化成分可用于天然食品添加的开发和应用。

（二）神秘果果皮和果肉中黄酮类及多酚类物质分析

多酚类化合物在植物中普遍存在，同时多酚类又可分为很多亚类，其中包括黄酮、花青素等，具有广泛的生物活性，多酚类和黄酮类化合物是两个广泛用于代表样品中整体抗氧化能力的通用指标，因此很多学者对神秘果中的多酚类物质进行了研究。在果肉中鉴定出表儿茶素、芦丁、槲皮素、杨梅素、山奈酚、鞣花酸、没食子酸、阿魏酸、丁香酸和 3 种花青素，其亲水提取物的产量为 8.6%（表 2-2），含量最低的是山奈酚（0.3 mg/100 g），最高的是表儿茶素（17.8 mg/100 g），总多酚含量按没食子酸当量计为 1 448.3 mg/100 g，比种子［（306.7±44.1）mg GA Equiv/100 g FW］高约 5 倍。表儿茶素是神秘果果肉中的主要酚类物质，其含量为 17.8 mg/100g FW，占所鉴定总多酚类物质的 41.4%。虽然鞣花酸和丁香酸在大多数浆果中并不常见，但它们分别以 0.4 mg/100 g FW 和 3.3 mg/100 g FW 的水平存在于神秘果果肉中。神秘果果肉中没食子酸和阿魏酸的含量分别为 10.7 mg/100 g FW 和 5.8 mg/100 g FW（表 2-3）。此外，与其他类浆果中的总多酚类物质含量相比，如黑莓（435.0 mg GA Equiv/100 g FW）、蓝莓（348.0 mg GA Equiv/100 g FW）和草莓（83.9 mg GA Equiv/100 g FW）等，神秘果具有更高的总酚含量。基于该结果可以看出，神秘果果肉的整体抗氧化能力远高于其他浆果，同时，神秘果中抗氧化物质更多是位于果肉而不是种子中。

对于总黄酮含量来说，神秘果果肉中为（9.9±0.5）mg QR Equiv/100 g FW，大约是其种子［（3.8±0.4）mg QR Equiv/100 g FW］的 3 倍（表 2-2）。神秘果果肉中槲皮素含量为 1.1 mg/100 g FW，高于红树莓中槲皮素的含量（0.5 mg/100 g FW）。此外，神秘果果肉中杨梅素的含量（0.8 mg/100 g FW）（表 2-3）高于西班牙樱桃（0.02~0.2 mg/100 g FW）。

表 2-2　神秘果果肉和种子提取物的提取率、总酚和总黄酮含量对比

项目	果肉	种子
提取率（g/100 g FW）	8.6 ± 0.1	0.6 ± 0.1
总酚含量（mg GA Equiv/100 g FW）	1 448.3 ± 96.1	306.7 ± 44.1
总黄酮含量（mg QR Equiv/100 g FW）	9.9 ± 0.5	3.8 ± 0.4

表 2-3　神秘果果肉中多酚类物质的含量及其最大吸收波长

成分	含量（mg/100 g FW）	波长（nm）
抗坏血酸	28.9 ± 0.9	243

（续表）

成分	含量（mg/100 g FW）	波长（nm）
表儿茶素	17.8 ± 0.3	280
没食子酸	10.7 ± 0.2	272
阿魏酸	5.8 ± 0.1	324
丁香酸	3.3 ± 0.2	276
芦丁	2.8 ± 0.1	326
槲皮素	1.1 ± 0.1	370
杨梅素	0.8 ± 0.1	370
鞣花酸	0.4 ± 0.0	250
山奈酚	0.3 ± 0.0	364
飞燕草素葡萄糖苷	0.8 ± 0.1	520
矢车菊素半乳糖苷	2.6 ± 0.1	520
锦葵花素半乳糖苷	10.1 ± 0.7	520

（三）神秘果果皮和果肉中维生素及其他抗氧化活性物质分析

维生素是维持人体正常生理功能必需的一类有机物质，也是保持人体健康的重要活性物质，是生物体所需要的微量营养成分，而一般又无法由生物体自己产生，需要通过饮食等手段获得。维生素不能像糖类、蛋白质及脂肪那样可以产生能量，也不是细胞的重要组成成分，但是它们对生物体的新陈代谢起调节作用。神秘果果肉总维生素含量约为2.12%，主要包括维生素 A、维生素 C、维生素 E 和维生素 K_1，其中维生素 C 含量最高，可达28.9~46.98 mg/100 g，高于蓝莓中维生素 C 的含量（4~19 mg/100 g FW）。黄色神秘果的果肉中含有维生素 A、维生素 C 及维生素 E，但相对含量较低，仅为 2.54 μg/100 g、1.33 mg/100 g 及 0.78 mg/100 g（表2-4）。

表2-4　黄色神秘果果肉中维生素含量

成分	含量
维生素 A（μg/100 g）	2.54 ± 0.27

（续表）

成分	含量
维生素 C（mg/100 g）	1.33 ± 0.24
维生素 E（mg/100 g）	0.78 ± 0.05

在神秘果果肉中还含有一些其他类具有抗氧化活性的物质，其中，亲脂性抗氧化剂 α-生育酚的水平远高于 α-生育三烯酚和 c-生育酚（表 2-5）。神秘果果肉中的 α-生育酚水平（5.8 mg/100g FW）优于其他浆果品种（其范围一般为 0.7~2.1 mg/100g FW）。同时，叶黄素（Lutein）是神秘果果肉中唯一检测到的类胡萝卜素，含量为 0.4 mg/100 g FW（表 2-5）。与其他富含抗氧化物质的浆果相比，神秘果的重要亲水酚类、亲脂性生育酚和类胡萝卜素含量更高，这可能使得神秘果具有抗氧化能力并有利于人体健康。

表 2-5　神秘果果肉中生育酚和叶黄素的含量及最大吸收波长

成分	含量（mg/100 g FW）	最大吸收波长（nm）
α-生育酚	5.8 ± 0.3	290
α-生育三烯酚	0.6 ± 0.1	290
c-生育酚	1.0 ± 0.1	290
叶黄素	0.4 ± 0.0	447

（四）神秘果果皮和果肉中氨基酸分析

目前，神秘果果实中发现了 17 种氨基酸。其中，非极性氨基酸有丙氨酸（Alanine）、缬氨酸（Valine）、亮氨酸（Leucine）、异亮氨酸（Iso-leucine）、脯氨酸（Proline）、苯丙氨酸（Phenylalanine）、蛋氨酸（Methionine）；极性氨基酸有甘氨酸（Glycine）、丝氨酸（Serine）、苏氨酸（Threonine）、酪氨酸（Tyrosine）；极性带正电荷的氨基酸有赖氨酸（Lysine）、精氨酸（Arginine）、组氨酸（Histidine）；极性带负电的氨基酸有天门冬氨酸（Aspartic acid）、谷氨酸（Glutamic acid）。神秘果中含有全部 8 种人体必需氨基酸，必需氨基酸占总氨基酸含量的 43.09%（表 2-6）。神秘果中总氨基酸含量和必需氨基酸含量均处于较高水平。

表 2-6 神秘果果肉中氨基酸含量

成分	含量（g/100 g 蛋白质）	氨基酸评分（%）
赖氨酸	1.60	38.10
亮氨酸	2.35	55.95
异亮氨酸	0.82	19.52
酪氨酸	0.92	32.86
苯丙氨酸	1.25	44.64
苏氨酸	0.52	18.57
缬氨酸	0.52	12.38
甲硫氨酸	0.31	14.09
脯氨酸	0.59	
甘氨酸	0.38	
丙氨酸	1.01	
胱氨酸	0.45	
丝氨酸	0.77	
谷氨酸	3.43	
精氨酸	1.94	
组氨酸	0.62	
天门冬氨酸	1.76	

（五）神秘果果皮和果肉中花青素苷和黄酮醇分析

神秘果果皮中含有丰富的花青素苷和黄酮醇，每 100 g 鲜果大约含有 14.3 mg 花青素苷和 7.2 mg 黄酮醇。其中，花青素苷成分包括矢车菊素半乳糖苷、矢车菊素-3-单阿拉伯糖苷、矢车菊素-3-单葡萄糖苷、飞燕草素-3-单半乳糖苷和飞燕草素-3-单阿拉伯糖苷 5 种成分。黄酮醇成分有 6 种，分别为槲皮素-3-O-半乳糖苷、杨梅素-3-O-半乳糖，以及痕量的槲皮素、山奈酚-3-单葡萄糖苷、山奈酚和杨梅素。花青素苷主要以几种混合结构存在并达成化学平衡，主要包括烊盐阳离子（Flavylium cation）、醌式酐碱（Quinonoidalan-hydrobase）、甲醇假碱或半缩醛结构（Carbinol pseudobase/hemiket）和查尔酮（Chalcone）。在 pH 值偏酸性条件下，花青素苷主要以红色的阳离子形式存在，随着 pH 值增加，花青素苷去质子化形成蓝色的醌式结构。在水溶液中，烊盐阳离子在水合作用下形成的醌式结构和查尔酮结构形成平衡，这可能是神秘果呈红色的原因。

二、神秘果茎叶成分分析

（一）神秘果叶主要营养成分

神秘果叶主要营养成分中粗蛋白和粗纤维的含量相对较高，而粗脂肪的含量相对较低，是一种理想的低热量食物。神秘果叶中粗灰分、还原糖和维生素 C 的含量较低，分别为 5.04 mg/g、0.45 g/100 g 和 4.57 mg/100 g（表 2-7）。在神秘果叶功能成分的分析中，水溶性多糖含量最高，达到 93.38 mg/g，多酚和总黄酮的含量次之，分别为 45.31 mg/g 和 36.24 mg/g。多糖具有抗肿瘤、抗病毒、抗衰老、调节免疫、降血糖、降血脂、抗凝血、抗辐射等生物活性，可作为各种药物和保健品的有效成分，已相继被开发成多种药品及功能性食品添加剂。因此，每日摄入适量神秘果叶可以起到保健或对某些疾病的预防、治疗的作用，并且能够提高机体的免疫活性。

表 2-7　神秘果叶主要营养成分

主要营养成分	含量	主要营养成分	含量
粗蛋白	16.98±1.21 g/100g	还原糖	0.45±0.72 g/100g
粗脂肪	2.87±0.06 g/100g	总氨基酸	8.65±0.00 g/100g
碳水化合物	57.60±0.01 g/100g	总皂苷	2.78±0.20 g/100g
水分	50.85±0.55 g/100g	总生物碱	0.6±0.20 g/100g
粗纤维	8.92±0.95 g/100g	维生素 C	4.57±1.22 mg/100g
粗灰分	5.04±0.82 mg/g		

（二）神秘果叶中脂肪酸分析

神秘果叶中脂肪酸总量为 0.94 g/100 g，饱和脂肪酸和不饱和脂肪酸含量各占脂肪酸总量的 50%，其中包含 4 种饱和脂肪酸（月桂酸、肉豆蔻酸、棕榈酸和硬脂酸）和 3 种不饱和脂肪酸（油酸、亚油酸及 α-亚麻酸)。以棕榈酸和 α-亚麻酸的含量最高,分别达到 0.31 g/100 g 和 0.25 g/100 g;其次是硬脂酸、油酸和亚油酸,含量分别为 0.12 g/100 g、0.11 g/100 g 和 0.11 g/100 g;月桂酸的含量最低,仅为 0.01 g/100 g(表 2-8)。每种脂肪酸都有一定的生物活性,α-亚麻酸作为神秘果叶中重要的脂肪酸组成,可以促进儿童身体及智力发育,调节血脂,抑制血栓性疾病,预防急性心肌梗死和脑梗死,保护视力,抑制过敏反应及预防阿尔茨海默病等。因此,对神秘果叶深度加工,可以制得天然绿色功能性保健食品。

表 2-8　神秘果中叶脂肪酸的含量

脂肪酸	分子式	含量(g/100 g)
月桂酸	$C_{12}H_{24}O_2$	0.01
肉豆蔻酸	$C_{14}H_{28}O_2$	0.03
棕榈酸	$C_{16}H_{32}O_2$	0.31
硬脂酸	$C_{18}H_{36}O_2$	0.12
油酸	$C_{18}H_{34}O_2$	0.11
亚油酸	$C_{18}H_{32}O_2$	0.11
α-亚麻酸	$C_{18}H_{30}O_2$	0.25

(三)神秘果叶中矿物质元素分析

矿质元素通过平衡细胞内外液的性质、构成酶的成分或激活酶的活性,参与机体内正常的生理代谢,在促进机体生长发育和抵抗疾病等方面起着重要作用。神秘果叶含有丰富的矿物质元素,其含量如表 2-9 所示。钠、镁、钾和钙 4 种常量元素中,以钾的含量最高,平均达到 8 668.37 μg/g,其次是钙和镁,分别为 3 332.51 μg/g 和 918.20 μg/g,钠的含量最低,仅为 555.46 μg/g。神秘果叶具有高钾低钠的特性,是预防高血压的一种良好的食物。现代医学研究证明,钾对人体内酸碱平衡的调节起到重要作用,参与细胞新陈代谢并且维持神经与肌肉的应激性和正常功能。钙是骨骼和牙齿的重要组成成分,可以增加软组织的坚韧性、提高细胞的神经兴奋性、维持细胞膜的通透性、参与肌肉的收缩等,缺钙会引起骨骼与牙齿发育不正常、骨质疏松、肌肉痉挛等。镁可促进心肌代谢,预防和减少高血压、高血脂、心律不齐和急性心肌梗死的发生。神秘果叶中的微量元素,以铁的含量最高，达到327.80 μg/g，其次是锰元素，为203.59 μg/g，铜、锌和钼的含量在10~60 μg/g，以铜的含量最低。铁作为生物必需的微量元素参与体内氧的运送和组织呼吸过程，维持人体正常的造血功能和正常的免疫功能。锰（Mn）是公认的抗癌元素，能维持正常的糖、脂肪代谢，并可有效清除自由基，是人体内抗衰老的重要物质，并与帕金森综合征有一定的联系。锌可以提高血清抗体水平，增强 NK 细胞活性，提高机体抗肿瘤因子的能力。同时，神秘果叶中有毒元素铅、镉、砷、汞的含量较低，符合《中华人民共和国药典》中的限量，表明采集神秘果叶样品的种植地未受到重金属污染。可见，神秘果叶含有丰富的能够维持人体正常生理机能的矿物质元素，有益健康。

表 2-9　神秘果叶中矿物质元素的含量　　（单位：μg/g DW）

常量元素	含量	微量元素	含量	微量元素	含量
^{23}Na	555.46±3.42	^{55}Mn	203.59±2.48	^{208}Pb	3.54±0.03
^{24}Mg	918.20±5.48	^{95}Mo	22.60±0.19	^{111}Cd	0.26±0.02
^{39}K	8668.37±2.45	^{63}Cu	12.63±1.26	^{75}As	0.17±0.02
^{43}Ca	3332.51±3.67	^{66}Zn	6.79±1.65	^{202}Hg	0.08±0.01
^{56}Fe	327.80±2.21				

（四）神秘果叶中氨基酸分析

蛋白质是以氨基酸为基本单位的生物大分子，衡量蛋白质营养价值高低与优劣，通常是以其所含 8 种人体必需氨基酸的种类和比例为依据。采用氨基酸自动分析仪分析了神秘果叶氨基酸的组成与含量，神秘果叶中共检测出 18 种常见氨基酸，氨基酸总量为 8.65 g/100 g，人体必需氨基和非必需氨基酸种类比较齐全，比例相对平衡。从氨基酸整体组成来看，以天门冬氨酸含量最高，达到 1.088 g/100 g，其次为谷氨酸、脯氨酸、亮氨酸和赖氨酸，含量最低的胱氨酸，仅为 0.151 g/100 g。8 种必需氨基酸全部检测出，占氨基酸总量的 41.50%，其中以亮氨酸含量最高，达到 0.635 g/100 g，然后依次是赖氨酸、苯丙氨酸和缬氨酸，含量分别为 0.583 g/100 g、0.518 g/100 g 和 0.509 g/100 g（表 2-10）。根据联合国粮食及农业组织（FAO）和世界卫生组织（WHO）推荐的理想蛋白质模式，优质蛋白质中必需氨基酸（EAA）、非必需氨基酸（NEAA）和总氨基酸（TAA）的组成比例：EAA/TAA 为 40% 左右，EAA/NEAA 在 60% 以上。神秘果叶 EAA/TAA 为 41.50%，EAA/NEAA 为 70.95%，符合上述指标要求，可见神秘果叶蛋白质的营养价值较高。根据相关文献报道，天门冬氨酸和谷氨酸能够降低血氨，对肝脏具有保护作用，谷氨酸还能参与脑的蛋白质和糖的代谢，促进氧化，改善中枢神经活动，有维持和促进脑细胞功能的作用；同时，天门冬氨酸和谷氨酸属于鲜味氨基酸，使得神秘果叶经开水冲泡后呈现清香宜人的特征，更易被消费者接受。亮氨酸能够降低血液中的血糖值，对治疗头晕有很好的作用，并且还能够促进伤口骨头愈合。由此可见，神秘果叶具有较高的药理活性和食疗作用，使得开发利用神秘果叶的研究具有重要的现实意义。

表 2-10 神秘果叶中氨基酸的含量 （单位：g/100 g）

必需氨基酸	含量	非必需氨基酸	含量
苯丙氨酸	0.518	天门冬氨酸	1.088
赖氨酸	0.583	组氨酸	0.198
苏氨酸	0.422	精氨酸	0.465
色氨酸	0.307	谷氨酸	0.675
缬氨酸	0.509	丝氨酸	0.467
蛋氨酸	0.174	脯氨酸	0.661
异亮氨酸	0.442	甘氨酸	0.468
亮氨酸	0.635	胱氨酸	0.151
必需氨基酸总量（EAA）	3.590	酪氨酸	0.365
		丙氨酸	0.522
		非必需氨基酸总量（NEAA）	5.060

（五）神秘果叶中多酚及黄酮类物质分析

1. 神秘果叶中多酚及黄酮类物质色谱分析

超高效液相色谱—全波长紫外色谱—质谱联用技术（UPLC-DAD-MSn）具有为组成成分提供高灵敏度、高分辨率和信息丰富的紫外—可见光谱和质谱的优点。因此，它被用于鉴定和定量分析提取物中的重要活性物质。在神秘果叶中，许多黄酮类组分被分析和检测到，且它们的含量各不相同。通过紫外—可见光谱和质量碎片离子鉴定了 18 种成分，主要为绿原酸、杨梅素、槲皮素及其糖苷衍生物（表 2-11），并对其中主要的 8 种化合物进行了定量（表 2-12）。其中槲皮素-3-鼠李糖苷含量最高，达到 (4.13±0.25) mg/g。此外，从神秘果根中分离得到 9 种含有酚羟基的物质，从神秘果茎中分离得到了 14 种含有酚羟基的物质。

表 2-11 神秘果叶提取物中多酚的保留时间、紫外特征和主要碎片离子

序号	保留时间（min）	最大紫外/可见吸收波长（nm）	负离子模式下主要碎片离子	化合物名称
1	1.38	216 271	169, 125	没食子酸
2	10.34	214 324	353, 191, 179	5-O-咖啡酰奎宁酸
3	15.47	226 310	337, 163, 191, 119	3-O-对香豆酰奎宁酸
4	15.78	226 310	337, 191, 173, 163	5-O-对香豆酰奎宁酸
5	17.67	244 324	367, 193/191, 173	3-O-阿魏酰奎宁酸
6	17.91	233 325	353, 179, 191	4-O-咖啡酰奎宁酸
7	18.55	231 314	675, 337, 173, 163	4-O-对香豆酰奎宁酸二聚体
8	18.95	226 311	337, 173, 163.191	4-O-对香豆酰奎宁酸
9	19.58	244 324	367, 173, 193	4-O-阿魏酰奎宁酸
10	19.92	227 355	479, 316	杨梅素-3-半乳糖苷
11	20.63	255 349	609, 301	芦丁
12	20.95	262 349	463, 316, 179	杨梅素-3-O-鼠李糖苷
13	21.15	256 354	463, 301, 179	槲皮素-3-O-半乳糖苷
14	21.42	256 353	463, 301, 151	槲皮素-3-葡萄糖苷
15	22.16	265 346	447, 285, 151	山奈酚-3-O-葡萄糖苷
16	22.82	256 349	447, 301, 151	槲皮素-3-鼠李糖苷
17	24.49	266 349	615, 463, 316, 179	杨梅素-O-没食子酸鼠李糖苷
18	25.17	224 266 348	599, 447, 301, 151	槲皮素-3-O-（2′-没食子酰基）鼠李糖苷

表 2-12　神秘果叶中 8 种重要化合物的定量分析（$n=5$）

成分	含量（mg/g）	成分	含量（mg/g）
没食子酸	273±0.16	槲皮素-3- D-半乳糖苷	1.14±0.09
4-O-咖啡酰奎宁酸	1.25±0.11	槲皮素-3-鼠李糖苷	4.13±0.25
5-O-咖啡酰奎宁酸	1.08±0.07	槲皮素-3-葡萄糖苷	0.55±0.06
杨梅素-3-O-鼠李糖苷	106±0.10	芦丁	0.12±0.01

2. 不同月份对神秘果叶多酚类物质的影响

不同发育时期（嫩叶、老叶）的神秘果叶，通过液相色谱技术分析其主要活性物质的种类及含量差异，发现叶子中主要有没食子酸、杨梅素半乳糖苷、金丝桃苷、芦丁 4 种活性物质（表 2-13 和表 2-14），且嫩叶中活性物质含量均低于老叶，其中金丝桃苷在老叶中含量最高（5.58 ~ 10.76 mg/g DW）；不同月份神秘果叶中活性物质含量变化与产期一致，一年中有 2 个高峰期（5 月和 10 月），即果实成熟后采收神秘果叶活性物质含量最高，因此，果实采收后为神秘果叶采收最佳时期。

表 2-13　不同月份神秘果嫩叶中活性物质种类及含量

月份	含量（mg/g DW）			
	没食子酸	芦丁	金丝桃苷	杨梅素半乳糖苷
4	0.941 18	0.978 02	3.422 14	0.723 74
5	1.318 63	2.046 14	5.459 66	1.195 15
6	0.495 10	2.431 34	6.166 04	1.175 74
7	0.475 49	2.396 08	5.521 58	1.044 02
8	0.475 49	1.987 38	6.045 03	1.032 93
9	0.352 94	2.424 81	6.765 48	1.007 97
10	0.343 14	2.611 53	7.480 30	1.070 36
11	0.299 02	2.116 65	6.616 32	0.977 47
12	0.245 10	1.893 36	5.487 80	0.831 89

表 2-14　不同月份神秘果老叶中活性物质种类及含量

月份	含量（mg/g DW）			
	没食子酸	芦丁	金丝桃苷	杨梅素半乳糖苷
4	2.220 59	1.966 49	6.830 21	1.177 12
5	4.441 18	3.709 68	5.901 50	2.503 99
6	3.088 24	4.173 23	7.311 44	1.378 16
7	1.769 61	2.738 19	5.575 05	1.220 10
8	1.740 20	3.448 53	6.599 44	1.459 97
9	1.519 61	3.555 60	7.547 84	1.286 66
10	1.406 86	5.164 31	10.761 73	2.075 56
11	0.509 80	3.636 56	9.706 38	1.593 07
12	0.416 67	2.787 81	8.738 27	1.109 19

（六）神秘果叶中萜类及甾醇类物质分析

萜类化合物是异戊二烯聚合物及其衍生物的总称。利用气相色谱—质谱联用技术在提取的神秘果叶挥发油中发现了 15 种萜类化合物，总含量高达 50.23%，其中含量最高的 3 种分别为匙叶桉油烯醇（24.194%）、柠檬烯（15.805%）及芳樟醇（2.139%）。在神秘果叶中得到的主要萜类有羽扇豆醇和羽扇豆烯酮。对神秘果叶总三萜的提取条件研究，发现 1.0 g 神秘果叶粉末，在 30 mL 溶剂中，乙醇体积分数为 70%，提取温度 50℃，超声提取时间 33 min 的条件下，神秘果叶中的总三萜类可充分提取，得率为 0.92%。同时，利用高效液相色谱法对神秘果果肉中五环三萜的含量进行测定，结果显示神秘果果肉中五环三萜的含量为 0.9 mg/g，其中齐墩果酸的含量为 0.03 mg/g。

甾醇类是一种含有羟基的环戊烷多氢菲结构的类甾醇，植物中的甾醇通常具有一定的药理活性。在神秘果叶和神秘果茎中均分析检测到甾醇类成分，其中，主要为 β-谷甾醇和豆甾醇。

（七）神秘果叶中挥发性物质分析

挥发性物质具有不稳定、易挥发等特点，不同的提取方法和检测条件会影响挥发性物质的种类和含量。根据《中华人民共和国药典》中的标准方法提取神秘果叶挥发油，首先将采集的新鲜神秘果叶用蒸馏水洗净，剪成片状，称取 500 g 试样，置于圆底烧瓶中加入蒸馏水，水蒸气蒸馏 6 h，馏出液用无水乙醚萃取 3 次，合并萃取液，用无水硫酸钠干燥后过夜，滤液用旋转蒸发仪回收溶剂，得到具有清香味的淡黄色透明油状物，平均提取率为 0.1% 鲜重。色谱条件：色谱柱为 HP-5MS 弹性石英毛细管柱（30 m ×0.25 mm ×0.25 μm）；载气流速 1.0 mL/min；分流比 50∶1；载气为高纯氦气（体积分数 99%）；色谱柱初始温度 80℃，保持 1 min，以 5℃/min 速率升温至 150℃，保持 2 min，又以 3℃/min 速率升温至 280℃，保持 6 min；GC 自动进样模式。质谱条件：离子源为电子轰击源（Electron impact，EI）；离子源温度 230℃；MS 四极杆温度 150℃；电子倍增器电压：1 271 V；电子能量 70 eV；接口温度 280℃；溶剂延迟 3.0 min；扫描范围 20~550 u。将挥发油样品采用气相色谱—质谱联用仪（GC-MS）进行分析。所得到的各化合物质谱图经计算机检索和人工解析，对照标准图谱索引进行对照鉴定。根据色谱面积归一法计算各组分在总样品中的相对百分含量。按上述色谱条件对神秘果叶挥发性物质的化学成分进行 GC-MS 分析，在同一色谱条件下各个化合物均得到了较好的分离。各峰经质谱扫描后，将所得的质谱图用计算机谱库检索，并结合人工谱图解析，按各峰的质谱碎片与文献核对，查阅有关质谱资料，对基峰、质荷比和相对丰度等方面进行比较，分别对各峰加以确认。

神秘果叶挥发油为草黄色液体，具有强烈的麻醉气味，从神秘果叶挥发性物质中鉴定出 44 种化合物，占挥发油总量的 92.14%。表 2-15 中各个物质按照保留时间的先后顺序排列，可以看出神秘果叶挥发性物质的组分是复杂多样的，大致包括含氧倍半萜类、单萜类、脂肪酸酯类、含氧单萜类、烷烃类共六大类，其中主要成分为匙叶桉油烯醇（24.194%）、柠檬烯（15.805%）、邻苯二甲酸二异辛酯（12.402%）、邻苯二甲酸二丁酯（10.326%）、棕榈酸（4.865%）及芳樟醇（2.139%），它们占精油组成的 69.731%。据文献报道，匙叶桉油烯醇具有止咳平喘的功效；柠檬烯具有抑制乳腺肿瘤增生和抗真菌的作用；芳樟醇是香料工业中重要的单萜类化合物，具有很好的阵痛、抗痉挛和镇静作用；邻苯二甲酸二异辛酯和邻苯二甲酸二丁酯含量较多，可能与采集地的周边环境有很大的关联，如当地的气候条件、土壤的组成或者地理变异等。

表 2-15　神秘果叶挥发油成分分析

序号	保留时间（min）	化合物名称	分子式	相对百分含量（%）
1	3.406	（Z）-2-庚烯醛	$C_7H_{12}O$	0.129
2	3.595	己酸	$C_6H_{12}O_2$	0.722
3	3.665	苯酚	C_6H_6O	0.487
4	3.822	（E）-3-己烯酸	$C_6H_{10}O_2$	0.857
5	4.189	（E）-2-己烯酸	$C_6H_{10}O_2$	1.292
6	4.513	苯甲醇	C_7H_8O	0.477
7	4.691	苯乙醛	C_8H_8O	0.327
8	5.469	愈创木酚	$C_7H_8O_2$	0.726
9	5.610	芳樟醇	$C_{10}H_{18}O$	2.139
10	5.891	柠檬烯	$C_{10}H_{16}$	15.805
11	5.950	苯乙醇	$C_8H_{10}O$	0.197
12	6.668	香茅醛	$C_{10}H_{18}O$	1.187
13	6.798	壬基环丙烷	$C_{12}H_{24}$	0.223
14	6.852	香茅醇	$C_{10}H_{20}O$	0.214
15	6.955	4-乙基苯酚	$C_8H_{10}O$	1.099
16	7.468	（2E），6-二甲基-3,7-辛二烯-2,6-二醇	$C_{10}H_{18}O_2$	0.608
17	7.565	α-松油醇	$C_{10}H_{18}O$	1.092
18	8.111	樟脑	$C_{10}H_{16}O$	1.962
19	8.332	橙花醇	$C_{10}H_{18}O$	0.477
20	8.894	香叶醇	$C_{10}H_{18}O$	0.809
21	9.429	间环己烷三醇	$C_{16}H_{12}O_3$	0.204
22	9.915	吲哚	C_8H_7N	0.837
23	10.230	3,7-二甲基-6-辛烯酸	$C_{10}H_{18}O_2$	0.114
24	11.249	香叶酸	$C_{10}H_{15}O_2$	0.298
25	12.292	正十四烷	$C_{14}H_3O$	0.381
26	12.405	香草醛	$C_8H_8O_3$	0.200

（续表）

序号	保留时间（min）	化合物名称	分子式	相对百分含量（%）
27	12.497	α-柏木烯	$C_{15}H_{24}$	0.213
28	14.696	正十五烷	$C_{15}H_{32}$	0.265
29	15.133	2,4-二叔丁基苯酚	$C_{14}H_{22}O$	0.382
30	17.164	巨豆三烯酮	$C_{13}H_{18}O$	1.412
31	17.656	十六烷	$C_{16}H_{34}$	0.391
32	17.948	α-雪松醇	$C_{15}H_{26}O$	0.214
33	18.520	匙叶桉油烯醇	$C_{15}H_{24}O$	24.194
34	19.752	柠檬酸三乙酯	$C_{12}H_{20}O_7$	0.919
35	22.939	十四酸	$C_{14}H_{28}O_2$	0.583
36	25.246	4-氮杂芴	$C_{12}H_9N$	0.251
37	29.319	邻苯二甲酸二丁酯	$C_{16}H_{22}O_4$	10.333
38	29.454	棕榈酸	$C_{16}H_{32}O_2$	4.865
39	33.835	植醇	$C_{20}H_{40}O$	0.203
40	34.640	亚麻酸	$C_{18}H_{30}O_2$	0.901
41	35.353	硬脂酸	$C_{18}H_{36}O_2$	1.276
42	44.423	十八烷	$C_{18}H_{38}$	0.258
43	45.665	邻苯二甲酸二异辛酯	$C_{24}H_{38}O_4$	12.402
44	46.919	十八烷	$C_{18}H_{38}$	0.221

三、神秘果种子成分分析

（一）神秘果种子主要营养成分

神秘果种子主要由灰分、粗纤维、粗脂肪、粗蛋白质、还原糖、多酚、多糖、脂肪酸、氨基酸和矿物元素等营养成分组成，含有人体所需的多种氨基酸和矿物质元素，具有很高的食用和药用价值。神秘果种子与其他几种药食同源植物种子的营养成分对比如表2-16所示。其中，神秘果种子粗蛋白质含量为26.76 g/100 g，与其他几种植物种子相比，神秘果种子的粗蛋白质含量最高,是一种高蛋白质食品。有研究表明,神秘果种子蛋白质具有促进胰岛素分泌的功效,具有很好的药用价值。神秘果种子中粗脂肪含量为 15.69 g/100 g,均低于紫苏种子 (27.49 g/100 g) 和三叶木通种子 (44.61 g/100 g) 中粗脂肪的含量,但却远远高于棕榈种子 (1.06 g/100 g) 中粗脂肪的含量,可作为一种油脂资源。此外,神秘果种子中灰分含量为 7.14 g/100 g,高于紫苏、三叶木通和棕榈种子。神秘果种子中粗纤维与水分含量相对偏低,还原糖含量相对略高。神秘果种子中总多酚和总多糖含量分别高达 11.56 mg/g、12.33 mg/g,明显高于其他种子。有研究报道,植物多酚在抗氧化、抗辐射、抑菌、抗癌和预防心脑血管疾病等方面具有显著功效,植物多糖具有免疫调节、抗肿瘤、抗炎、抗氧化、抗衰老、降血糖等生物活性。因此,神秘果种子在食品、药品和保健品领域具有良好的开发前景。

表 2-16 神秘果种子与其他几种植物种子营养成分对比

成分	神秘果种子	紫苏种子	棕榈种子	三叶木通种子
水分 (g/100 g)	6.74	8.83	10.85	7.35
灰分 (mg/g)	7.14	4.01	1.43	1.43
粗纤维 (g/100 g)	4.40	23.15	32.17	17.45
粗脂肪 (g/100 g)	15.69	27.49	1.06	44.61
粗蛋白 (g/100 g)	26.76	14.57	0.48	15.57
还原糖 (g/100 g)	0.59	0.45	0.38	0.22
多酚 (mg/g)	11.56	4.53	2.15	1.73
多糖 (mg/g)	12.33	9.34	3.43	2.92

(二) 神秘果种子中脂肪酸及脂质分析

对神秘果种子中脂类物质的含量最早使用气相色谱进行测定,结果表明神秘果种子中脂质的含量占种子干重的 10.15%。利用质谱技术研究脂质组成,结果发现其脂质主要包含中性脂、糖脂、磷脂。其中,中性脂中主要含甘油三酯、甘油二酯、甘油单酯、自由脂肪酸及非皂化性脂质;糖脂主要包含单半乳糖甘油二酯、二半乳糖甘油二酯及脑苷脂;磷脂主要包含脑磷脂、卵磷脂及磷脂酰肌醇等。游离脂肪酸中,棕榈酸、硬脂酸、油酸及亚油酸占绝大多数。

利用气相色谱—质谱联用技术对神秘果种子油进行分析，共分离鉴定出 27 种物质，其中脂肪酸为 20 种（表 2-17）。饱和脂肪酸有 13 种，相对含量为 39.325%，以棕榈酸（29.63%）、硬脂酸（7.375%）为主。棕榈酸可以降低血清胆固醇，抑制胰岛葡萄糖转运蛋白 2、胰岛素、胰腺十二指肠同源异型盒因子 1 和 rRNA 的表达，显著改善对胰岛的脂毒性作用；硬脂酸可以通过减少肠道对胆固醇的吸收，间接减轻血液和肝脏中胆固醇的代谢负担。不饱和脂肪酸有 7 种，包括（Z）-十六烯酸、顺-10-碳烯酸、8-十八碳烯酸、10-十八碳烯酸、9-十六碳烯酸、顺-11-二十烯酸、亚油酸，相对含量总计 54.798%。其中，单不饱和脂肪酸占 35.500%，以十八碳烯酸（油酸）为主，占 29.961%；多不饱和脂肪酸只有亚油酸，占 19.298%。亚油酸具有相当广泛的生理作用，用于治疗心血管系统疾病、降低血脂。油酸可以调节血脂、预防肿瘤、改善记忆等。此外，神秘果种子中高软脂酸和油酸的组成及特性与棕榈油很相似，可能具有和棕榈油相似的应用价值。

表 2-17　神秘果种子中脂肪酸组成及其相对含量

序号	保留时间（min）	化学名称	分子式	分子量	相对含量（%）
1	5.385	月桂酸甲酯	$C_{13}H_{26}O_2$	214.193	0.047
2	5.844	壬二酸二甲酯	$C_{11}H_{20}O_4$	216.136	0.023
3	9.637	肉豆蔻酸甲酯	$C_{15}H_{30}O_2$	242.225	0.751
4	12.250	十五碳酸甲酯	$C_{16}H_{32}O_2$	256.240	0.149
5	14.452	（Z）-十六碳烯酸甲酯	$C_{18}H_{38}O_4$	268.240	0.187
6	15.255	棕榈酸甲酯	$C_{17}H_{34}O_2$	270.256	29.516
7	29.516	棕榈酸乙酯	$C_{18}H_{36}O_2$	284.272	0.118
8	17.192	顺-10-碳烯酸甲酯	$C_{18}H_{36}O_2$	282.256	0.056
9	17.880	十七酸甲酯	$C_{18}H_{36}O_2$	284.272	0.254
10	20.008	亚油酸甲酯	$C_{18}H_{34}O_2$	294.256	19.246
11	20.251	8-十八碳烯酸甲酯	$C_{19}H_{36}O_2$	296.272	29.876
12	20.479	10-十八碳烯酸甲酯	$C_{19}H_{36}O_2$	296.272	0.085
13	20.833	硬脂酸甲酯	$C_{19}H_{38}O_2$	298.287	7.375
14	21.684	亚油酸乙酯	$C_{20}H_{36}O_2$	308.272	0.052

（续表）

序号	保留时间 （min）	化学名称	分子式	分子量	相对含量 （%）
15	21.847	9-十六碳烯酸乙酯	$C_{18}H_{34}O_2$	282.256	0.123
16	24.951	9,10-环氧十八烷酸甲酯	$C_{19}H_{36}O_3$	312.266	0.285
17	25.496	顺-11-二十烯酸甲酯	$C_{21}H_{40}O_2$	324.303	0.537
18	26.216	18-甲基-十九烷酸甲酯	$C_{21}H_{42}O_2$	326.318	0.474
19	33.854	二十三烷酸甲酯	$C_{24}H_{48}O_2$	368.365	0.096
20	36.235	二十四酸甲酯	$C_{24}H_{48}O_2$	382.381	0.112

（三）神秘果种子中挥发性物质分析

利用气相色谱—质谱联用技术分析神秘果种子的挥发油，结果发现其挥发油中脂肪酸为最主要的成分，其中棕榈酸和油酸占绝大多数，已鉴定成分的总量占挥发油成分的 90.98%。除主要的脂肪酸外，还包括少数的烷烃、烯烃、醛、酸、萜类等化合物。不同方法提取的挥发油组分的种类和相对含量均相差不大。采用分极性溶剂微波辅助提取（NPSMAE）、混合溶剂微波提取（CSMAE）和超声波辅助提取（UAE）所得挥发油经气相色谱—质谱联用分析，分别鉴定出 17 种、18 种及 15 种化合物，已知组分总相对含量（各组分相对含量加和）分别为 90.98%、80.20% 和 81.57%。在鉴定的化合物中，相对含量最高的组分是棕榈酸，其他相对含量较高的主要成分有油酸（三种方法检出的相对含量分别为 31.13%、27.53% 和 29.44%），3α-烷基-12-齐墩果烯乙酸酯（三种方法检出的相对含量分别为未检出、1.90% 和 1.22%），14-甲基十五烷酸甲酯（三种方法检出的相对含量分别为 0.89%、0.92% 和 1.21%）。虽然用三种方法的检测结果各不相同，但彼此相差不大。采用 CSMAE 所得的挥发油中含氧化合物组分稍多，如 2-十一烯醛、3α-烷基-12-齐墩果烯乙酸酯、3β-20（29）-烯-乙酰羽扇豆醇酯等，可能与提取溶剂的极性有关（表 2-18）。

表 2-18　不同方法提取神秘果种子中挥发油的化学组成

序号	保留时间 （min）	化学名称	分子式	相对分子质量	相对含量 （%） （NPSMAE）	相对含量 （%） （CSMAE）	相对含量 （%） （UAE）
1	5.740	（正）辛烷	C_8H_{18}	114	0.106	0.053	—

（续表）

序号	保留时间（min）	化学名称	分于式	相对分子质量	相对含量（%）（NPSMAE）	相对含量（%）（CSMAE）	相对含量（%）（UAE）
2	6.045	已醛	$C_6H_{12}O$	100	0.246	0.051	0.220
3	9.057	1-甲基乙苯	C_9H_{13}	120	0.035	—	—
4	9.577	戊酸	$C_5H_{10}O_2$	102	—	0.020	—
5	10.096	(z)-2-庚烯醛	$C_7H_{12}O$	112	—	0.069	—
6	10.622	2-戊基呋喃	$C_9H_{14}O$	138	0.066	0.066	0.037
7	11.287	辛醛	$C_8H_{16}O$	128	0.045	0.039	0.037
8	12.088	已酸	$C_6H_{12}O_2$	116	0.127	0.102	0.098
9	13.984	壬醛	$C_9H_{18}O$	142	0.059	0.048	0.075
10	16.081	萘	$C_{10}H_8$	128	—	0.048	0.056
11	18.855	(E, E)-2,4-二癸烯醛	$C_{10}H_{16}O$	152	0.095	0.132	0.079
12	20.223	2-十一烯醛	$C_{11}H_{20}O$	168	—	0.082	—
13	20.224	(E)-2-十二烯醛	$C_{12}H_{22}O$	182	0.126	—	—
14	20.229	（正）十四烷	$C_{14}H_{30}$	198	—	—	0.159
15	23.088	（正）十五烷	$C_{15}H_{32}$	212	—	—	0.039
16	31.048	14-甲基十五烷酸甲酯	$C_{17}H_{34}O_2$	270	0.894	0.924	1.214
17	36.055	十六烷酸（棕榈酸）	$C_{16}H_{32}O_2$	256	55.922	46.099	47.795
18	39.856	油酸	$C_{18}H_{34}O_2$	282	31.129	27.534	29.440
19	41.883	(z)-6-十六碳单烯酸	$C_{18}H_{34}O_2$	282	0.505	0.623	0.677
20	41.907	反油酸	$C_{18}H_{34}O_2$	282	0.631	0.348	0.421
21	44.795	14-十五烯酸	$C_{15}H_{28}O_2$	250	0.356	—	—
22	44.796	(E)-9-二十烯	$C_{20}H_{40}$	280	0.354	—	—
23	45.974	9-十八烯酸(z)-2-羟基-1-羟甲基油酸乙酯	$C_{21}H_{40}O_4$	356	0.284	—	—
24	47.913	3α-烷基-12-齐墩果烯乙酸酯	$C_{32}H_{52}O_2$	468	—	1.895	1.220
25	52.209	3β-20 (29)-烯-乙酰羽扇豆醇酯	$C_{32}H_{52}O_2$	468	—	2.064	—

（四）神秘果种子中氨基酸分析

氨基酸是构成蛋白质的基本物质，而蛋白质又是生命活动的主要承担者。人体中共有 8 种氨基酸必须通过饮食获得。神秘果种子中总氨基酸含量为 9.02 g/100 g，含有 18 种氨基酸，且含有全部的 8 种必需氨基酸，必需氨基酸占比 40.69%，以及谷氨酸、甘氨酸、天门冬氨酸和精氨酸等药效氨基酸。神秘果种子中的氨基酸组成见表 2-19，必需氨基酸（EAA）含量为 3.67 g/100 g，必需氨基酸/氨基酸总量（EAA/TAA）为40.69%，必需氨基酸/非必需氨基酸（EAA/NEAA）为 66.73%，药效氨基酸含量占 63.75%。谷氨酸和天门冬氨酸的含量最高，分别为 1.17 g/100 g 和 1.07 g/100 g，二者均为鲜味氨基酸，谷氨酸在医学上主要用于治疗肝性昏迷，以及促进红细胞生成，改善脑细胞营养，并在糖代谢及蛋白质代谢过程中占有重要地位。天门冬氨酸具有调节脑和神经代谢的功能，可用于治疗心脏病、肝病、高血压。8 种必需氨基酸中，含量最高的是亮氨酸（0.75 g/100 g），具有调节血糖水平的功效。其次依次为缬氨酸、赖氨酸、异亮氨酸、苏氨酸、苯丙氨酸、蛋氨酸和色氨酸。根据FAO/WHO 推荐的理想蛋白质模式，高质量的蛋白质，其氨基酸组成中必需氨基酸占总氨基酸的 40% 左右，必需氨基酸占非必需氨基酸的 60% 以上。神秘果种子的氨基酸组成符合这一模式，且氨基酸种类齐全，具有较好的开发和研究价值。

表 2-19　神秘果种子中的氨基酸组成

氨基酸	含量（g/100 g GW）	氨基酸	含量（g/100 g GW）
苯丙氨酸	0.43	天门冬氨酸[A]	1.07
赖氨酸[aA]	0.59	丝氨酸	0.37
苏氨酸[a]	0.46	谷氨酸[A]	1.17
色氨酸[a]	0.12	甘氨酸[A]	0.39
缬氨酸[a]	0.61	丙氨酸	0.42
蛋氨酸[aA]	0.27	胱氨酸	0.15
异亮氨酸[a]	0.44	酪氨酸[A]	0.31
亮氨酸[aA]	0.75	组氨酸	0.20

（续表）

氨基酸	含量（g/100 g GW）	氨基酸	含量（g/100 g GW）
必需氨基酸总量	3.67	精氨酸A	0.77
		脯氨酸	0.50
		非必需氨基酸总量	5.35

神秘果种子中的氨基酸体系与 WHO/FAO 推荐的氨基酸模式谱进行比较（表2-20），RAA 和 RC 的数值均在 1 左右，说明必需氨基酸接近WHO/FAO 的推荐值；SRC 值为 94.22，接近 100，说明各种必需氨基酸含量均衡，营养价值较高。有研究表明，支链氨基酸具有护肝、抗癌、降低胆固醇的功效，该氨基酸中 F 值为 2.75，接近正常人体比例（3.0～3.5）。综上所述，神秘果种子中的氨基酸种类齐全，比例均衡，人体必需氨基酸和药效氨基酸含量较高，具有较高的营养价值。

表2-20　神秘果种子中必需氨基酸与 WHO/FAO 推荐的氨基酸模式谱比较

氨基酸	占总氨基酸的质量分数（%）	WHO/FAO 的质量分数推荐值（%）	RAA	RC	SRC1
苏氨酸	5.09	4.0	1.27	0.99	
缬氨酸	6.76	5.0	1.35	1.06	
蛋氨酸+胱氨酸	4.65	3.5	1.33	1.04	
异亮氨酸	4.87	4.0	1.21	0.95	
亮氨酸	8.31	7.0	1.18	0.92	94.22
苯丙氨酸+酪氨酸	8.20	6.0	1.37	1.07	
赖氨酸	6.54	5.5	1.19	0.93	
色氨酸	1.33	1.0	1.33	1.04	

（五）神秘果种子中矿物质成分分析

神秘果种子中矿物质也较为丰富，包括常量元素、微量元素和重金属元素。常量元素中，钾的含量最高，达到 7 331.2 μg/g，其次是钙和镁，含量分别为 1 185 μg/g 和 995.4 μg/g，钠的含量最低，仅为 63.2 μg/g，是一种典型的高钾低钠食品，有利于改善人体钾钠平衡，预防高血压和心脑血管疾病。钙、镁是参与机体生理活动和物质能量代谢的重要常量元素。医学研究表明，摄取足够的钙可预防骨质疏松症和直肠癌，维持血压平衡。镁具有调节神经和肌肉的功能，有助于防治中风、冠心病和糖尿病。微量元素中，锰的含量最高，为 $151.05~\mu g/g$，其次是铁元素，含量为 $79~\mu g/g$，锌和铜的含量相对较低，分别为 $17.69~\mu g/g$ 和 $5.53~\mu g/g$。锰是人体中维持正常的糖代谢和脂肪代谢的重要元素，可促进骨骼的生长发育和改善机体的造血功能。铁和铜在延缓衰老和预防贫血等方面具有重要作用。锌对加速生长发育、增强创伤组织再生能力和增强抵抗力等均有很好的作用。同时，对镉、汞、砷和铅 4 种重金属元素进行了检测，含量均很低，符合《中华人民共和国药典》的要求。神秘果种子含有人体所必需的常量元素与微量元素，可作为人体矿物质元素的补充剂。

第三章　神秘果生物学特性

第一节　植物学特征

神秘果（*Synsepalum dulcificum*）的英文名为 Miracle fruit、Miracle berry 或 Miraculous berry，中文别名为变味果、奇迹果、梦幻果、西非山榄、蜜拉圣果。属植物界被子植物门（Angiospermae）双子叶植物纲（Dicotyledoneae）五桠果亚纲（Dilleniidae）柿目（Ebenales）山榄科（Sapotaceae）神秘果属（*Synsepalum*）的多年生常绿灌木。

神秘果树高 2~5 m，树形略呈尖塔形或椭圆形（图 3-1）。树干、枝条灰褐色，分枝部位低，枝条数量多，新梢抽发时浅红色，叶枝端蓬状，每蓬有叶 5~7 片。

叶多数丛生枝端或主干互生，初叶为浅绿色，老叶呈深绿或墨绿色，叶片倒披针形或倒卵形，长 3.6～11.0 cm、宽 1.5～3.5 cm，叶柄短，0.5 cm 左右，叶脉羽状，叶尖圆或有时钝，很少近短尖，叶基楔形，叶缘全缘，微有波浪形（图 3-2）。

小花，直径 0.65~0.75 cm，白色，单生或簇生于果枝叶腋间，花瓣 5 瓣，花萼 5 枚。花期 4~6 周，花有淡椰奶香味。

果实为单果着生，椭圆形，长 1.0~2.0 cm、宽 0.6~1.0 cm，平均单果重 1 g 左右，果实鲜红色，果皮光滑且薄，果肉白色，可食率低，味稍甜，汁少。每果具种子 1 粒，褐色，扁椭圆形，有浅沟。

神秘果喜高温高湿气候环境，成树在 2℃ 以下会轻微受冻，但不影响开花结果；幼树在 2℃ 以下会冻死，因此冬天要注意防寒。神秘果适宜在微酸性（pH 值 4.5~6.0）土壤环境中生长。

图 3-1 神秘果树形

图 3-2 神秘果叶子

第二节 生长发育规律

2015—2016 年，对 10 个区域引种单株的开花结果特性观察发现，所有单株从 2—12 月多次开花结果，花果重叠在同一枝条或植株上。每年初花时间在 2 月中旬至下旬，初花时间主要受当年气温状况影响。早春低温时坐果率较低。各区域引种单株初花时间相差 10 d 左右。海南省与广东省湛江市引种的单株初花期较早，福建省福州市、厦门市和漳州市引种的单株初花期较迟。各区域引种单株的末花期相差不大，均在 12 月下旬。花期主要集中在每年的 4—6 月和 9—11 月，9—11 月的开花结果特性优于 4—6 月。7—8 月高温多雨，不利抽蕾和开花，花果较少。从云南省西双版纳①、德宏②和广西东兴市引种的单株成花量较多，其次为海南省和广东省汕头市引种的单株，最少为漳州市和厦门市引种的单株。这与树冠

① 西双版纳傣族自治州，全书简称西双版纳。
② 德宏傣族景颇族自治州，全书简称德宏。

大小有关，树冠大，枝梢多，花量大。从漳州市和厦门市引种的单株挂果个数多，其次是从湛江市引种的单株；从东兴市、海南省、德宏引种的单株挂果个数最少。从植物形态学来看，雌蕊柱头在雄蕊上方，从漳州市和厦门市引种的单株雌蕊长度较其他单株短 4~6 mm，相差显著，分析其原因可能是其较短的雌蕊柱头更靠近雄蕊而因更容易接受花粉，因此坐果率较高。

神秘果在广东省广州市栽培，每年抽梢 3 次，分别在 4—5 月、7 月、12 月至翌年 1 月，植株生长缓慢。花期在 4—7 月、10 月至翌年 1 月，花果重叠，儿乎终年不断。五六年生开始开花结实，正常结实期在十年生以后，在中国影响结实的重要原因是冬春低温。受冻的嫩枝需 1 年后方能正常结实。广西南宁 6 月下旬始花，7 月下旬至 8 月中旬开花较多，翌年 3 月中下旬为末花期。8 月中下旬至翌年 5 月下旬陆续有果成熟。在热量较高的海南南部，一年四季陆续有花开放，有果实成熟。在福建漳州栽培，一年有 2 次花果期，一次是 7 月中旬始花，8—9 月开花较多，9—12 月结果；另一次是翌年 2 月至 3 月中下旬为花期，4 月下旬至 5 月下旬果实成熟。在西双版纳，终年均可开花、结果，但花期集中在 3 月中下旬，果实成熟期在 4 月下旬至 5 月上旬。四年生单株产果可达 1 kg。

第三节 对环境条件的要求

神秘果对温湿条件要求较高，喜高温，高湿的气候环境，适宜于热带亚热带低海拔潮湿地区生长，宜在肥沃、疏松的砂壤土栽培，有一定的耐旱、耐寒能力。

一、温 度

生长适温为 15~30℃。最低气温降到 3~5℃时，幼枝和叶出现冷害，但不致死，8~10℃可安全越冬。成年树在 2℃会轻微受冻，但不影响开花结果。如遇轻霜会导致落叶，严重时植株死亡，因此，在中国北方地区需在日光温室内栽培。

二、光 照

喜半阴，将盆株放在适当遮阳处或 50% 遮阳网环境下栽培，叶片浓绿、光泽度好，也不影响开花、结果。神秘果在全光照下也可生长，甚至幼苗期也可接受阳光的直接照射。但是，在全光照下栽培，夏季阳光过于强烈时，应把盆株置于适当遮阳处为宜。

三、土　壤

神秘果适宜在微酸性土壤生长，要求 pH 值为 4.5~5.5 的砂壤土。如使用一般土壤作为盆栽基质时，可在其内掺入约 1/3 的腐殖质、木屑、草木灰或松针等，以改善盆土的理化性能。另外，上盆时，盆底施入一些腐熟农家肥和三元复合肥，更有利于植株的生长。

四、水　分

浇灌要求使用中性或微酸性水，浇水量要适量。浇水过多、过勤会使土壤板结、通气不良，造成土壤缺氧，厌氧细菌活跃，易使根系腐烂。如浇水不足，会导致叶片枯萎，甚至植株死亡。夏季 3~4 d 浇一次水，高温、干燥天气隔天浇一次水。

第四章　神秘果种苗繁育技术

第一节　种子繁殖

一、播　种

用作繁殖的种子越新鲜越好，种子在温室下贮藏 3 个月后发芽率将迅速下降，贮藏时间越长，种子发芽率越低。果实成熟后，采摘新鲜的果实，洗去果肉、果皮，捞出种子晾干，选择充分成熟、饱满的种子播种，随采随播。

播种催芽床至少 20 cm 厚，以干净河沙或疏松排水性好的生泥土作基质材料。把种子散播或点播于苗床，播后覆土 2 cm，控温 26~28℃，保持培养土湿润，60~80 d 即可发芽。苗出土后每周喷施一次 0.2%尿素或磷酸二氢钾。

可将带土球种苗栽到装好培养土的花盆或营养袋内培养管理。实生苗生长缓慢。

二、移　苗

当催芽床中绝大部分的幼苗高 6~8 cm，具 4~5 片叶时，即可把苗移入塑料育苗营养袋或实生苗床，移苗不宜过早或在抽生新梢时进行，否则成活率低，应选择阴天、多云天气或晴天下午 4 时后才进行。有条件的宜在移苗后用 50%~70%遮阳网遮阴 3~4 d。

（一）袋装苗

把幼苗直接移入塑料营养袋中管理。通常营养袋规格为 18 cm×25 cm，营养袋底部及四周应留有足够的排水孔。营养土以排水良好的土壤和腐熟的锯屑有机肥混合物按 3∶1 的比例混合为宜，种苗一年半后出圃。

　　袋装苗每 4 袋为一行排列，以便嫁接操作，袋的 2/3 埋于土中。上部 1/3 周围和袋与袋之间的空隙用土覆盖填充。袋装苗的优点是嫁接成活后易于取苗；缺点是在实生苗期受袋规格及有限的营养土的限制，生长速度比地栽苗差，需水量大，施肥管理不方便，长途运输较困难。

　　（二）地栽苗

　　把催芽床中已稳定的幼苗移栽在实生苗床上管理，嫁接后达到出圃标准时，提前装袋，炼苗稳定后定植大田。移苗前催芽床以及实生苗床均需提前 1~2 d 浇水，以便起苗和栽苗时易于操作，少伤根系。移栽时株行距 15 cm× 20 cm。1 m 宽的畦种 6 株，以便嫁接操作。种植时，注意保留子叶，以埋过种子深 3 cm 左右为宜，根系要舒展，回土稍压实后，充分淋定根水。

　　（三）实生苗管理

　　移苗后，立即淋足定根水。干旱季节 2~3 d 随时复淋水，遇高温日灼天气，应及时遮阴或随时喷水保苗。移苗后初期要注意防虫害。待幼苗稳定后起初两个月，每 15 d 淋施稀薄水肥一次，以氮肥为主，同时及时补苗。以后可以撒施 N：P：K=13：2：13 的复合肥。在管理过程中，要注意除草淋水工作。每隔一段时间，则要安排一次修剪整理小苗，把实生苗多分枝生长的，只留下单一主干，其余枝全部剪去，以保证单一主干苗快速增粗增高生长。

第二节　扦插繁殖

　　每年 4—6 月，剪取神秘果当年生老熟枝条作为插穗，每条插条长 20~25 cm，插条上带叶片 3~6 片。插枝下端切口削成斧头形，用修枝刀削切平滑，并用萘乙酸（NAA）1 000 mg/L 溶液处理，将其插于干净的砂壤土中。用激素处理神秘果插条，不但对生根有促进作用，而且生根率高，发根早，新抽叶芽早，明显优于直接扦插。

　　插床要保持适宜的温度和隐蔽度，新根生成后，移栽至营养袋内，在苗圃中养护。扦插苗可提早结束，并可矮化树形。

第三节　高压繁殖

　　每年4—6月，选择生长健壮的1~2年生成熟枝条，提前3~4 d对高压部位进行环剥。环剥口长度3~4 cm，环剥上下刀口要整齐，深达木质部，去皮，并刮净形成层。

　　神秘果木质坚硬，空中压条难以生根，繁殖的成功率低。因此，用配制好的生根粉500 mg/L均匀涂刷在环剥口上，或将配好的NAA药液均匀喷洒在栽培基质上（椰糠：腐殖土＝2：3），有利于促进长根，可有效提高空中压条成活率。

　　基质湿度以手捏成团不散为宜，把基质捏成拳头大小，用塑料薄膜包扎环剥部位。10 d检查一次水分情况，发现变干时可用注射器注入清水保持基质湿度。压条60~70 d可生根。

　　高压繁殖的苗木具有浅根、矮化、早结果的特点，因而比种子苗更适宜盆栽。

　　6—8月是移植上盆较佳的时期，在抽出的叶老化后上盆。盆栽培养土用酸性的砂壤土、泥炭土和碳化稻壳按照1：1：1的比例混匀。泥炭土可以使土壤松散，谷壳灰有保温的作用。花盆的大小视苗木的大小而定，一般先用盆口直径为12~15 cm的花盆进行第一次移植，苗木长大后再用更大的盆。摆放的密度适当宽些，以方便管理，且要随植株的长大而调整摆放的距离。为了减少盆中水分蒸发，降低摆放场地的温度，可在盆之间的空地用干草进行覆盖，也利于防止杂草生长。

第五章　神秘果栽培技术

第一节　建园选址

神秘果对土质要求不高，但应选择土层深厚、肥沃、排水和透气性良好、有机质含量较高的低洼地或平缓坡地种植。虽然全年均可种植，但以2—5月种植为好。

神秘果要求温湿度条件较高，适宜于热带、亚热带潮湿地区生长，但仍有一定耐旱、耐寒能力。

第二节　定植前准备与定植

一、定植前准备工作

果苗定植之前，需做好定植点的选定、定植坑的挖掘，回填定植坑工作。

（一）种植密度

神秘果属常绿灌木树种，一般种植密度750~1 500株/hm²，株距2~3 m，行距3~4 m。

（二）挖定植坑

按株行距大小进行定标，在丘陵山地，进行等高种植；定植坑的大小，依土壤肥力而定，一般要求为80 cm×80 cm×80 cm，直壁平底。定植坑挖好后最好让太阳暴晒1~3个月，春季定植的，最好在上一年的秋冬季挖好定植坑。

（三）定植坑回土

定植前1~2个月，将已挖好的定植坑底部锄松，撒石灰0.25 kg，用草料或有机肥 25 kg 和表土分层将坑填满，回一层草料加一层表土，踩实，再回一层草和土。填满坑后，定植坑的土至少要高出地面 20 cm 左右，待定植坑下沉稳定后再起定植盘定植。

二、定 植

（一）时期选择

神秘果在相对低温潮湿的季节生长最好。在我国桂南和粤西地区，最佳定植时期是春季，其次为冬季，秋末冬初若生产用水充足，有覆盖保证时定植成活率也极高。在桂南和粤西地区，夏秋高温季节定植不佳。在云南植区，干湿季明显，定植季节一般安排在雨季 6 月底至 9 月。

（二）苗木选择

种植的苗木必须是优良品种的种苗，定植用苗最好是袋装苗。浆根或裸根苗经长途运输，到果园后即定植时，成活率低。苗木至少抽二次新梢达稳定（接穗已抽生的新梢最少要有 30 cm 高），苗高 50 cm 以上再定植效果最好。扦插苗根系发达，苗木枝叶茂盛，叶色浓绿，树干无损伤、无溃疡、树体无病虫害。

（三）定植方法

在回坑土下沉基本稳定后，每株用已堆沤腐熟的农家肥 15 kg、饼肥 0.5 kg 和生石灰 0.25 kg 作基肥，与表土拌匀，做成下底直径 1 m，盘面直径 0.80 m，盘高 0.20 m 的定植盘。

种植时，先在定植盘中心挖一个小坑，坑的深度以把苗放入坑中，袋苗的营养土顶部与定植盘面水平为宜，然后撕去袋装苗的塑料袋。由于神秘果苗的根系较幼嫩，极易被弄断，定植时动作要轻，填土时可适当用手压实，使土壤与根系良好接触，不要用脚踏，以免压断幼根。

三、定植后的护理

定植后要及时淋定根水，修复植盘，平整梯田，加草覆盖盘面。旱季要适时淋水，雨季及时疏通排水沟，在风害地区，可给幼苗附加抗风支架以提高抗风力，防止倒伏。

神秘果定植后一般 20~25 d，即长出大量新根，30 d 左右即抽生新梢；从定植到第一批新梢老熟需 70~80 d，因此，定植后 20 d 左右安排第一次施肥为宜，以后每隔 15 d 施水肥一次，直至第一次梢稳定老熟。每次每株施用尿素 10 g、复合肥 15 g，把肥料充分溶解于 8～10 kg 水中浇施。

第三节　水肥管理

神秘果对水分和湿度有一定的要求，在定植后不仅要保持土壤的湿度，还要对枝叶进行喷水以保持湿润。浇灌神秘果要使用中性或微酸性水，浇水适量。浇水过多、过勤会使土壤板结，通气不良，造成土壤缺氧，厌氧细菌活跃，易使根系腐烂；如浇水不足，则导致叶片枯萎，甚至植株死亡。夏季 3~4 d 浇一次，高温、干燥天气隔天浇水一次。如天气特别干燥，应对叶面和周围地面喷水，这样，可降低温度，增加湿度；冬季根据天气和空气湿度，5~7 d 浇水一次。另外，根据生产情况，掌握浇水量。生产旺期多浇水，花期适量给水。在夏季高温时节，为防止水分蒸发，可在土壤表面覆盖干草或遮阳网等，辅以喷水，创造较为凉爽的环境。特别是在盛花盛果期和秋冬干旱季节，更要加强水分的管理。对于盆栽种植，则在盆土表面变白发干时及时浇水。秋天较为干燥，建议采用滴灌或以喷水形式补充水分。总之，晴天注意保持土壤湿润，雨天注意排水。随着苗木生长，注意杂草危害，清沟并及时中耕除草。

在施足基肥的基础上，神秘果幼树应采取"少量多次，勤施薄施"的施肥原则。肥料种类以速效氮肥为主，每月施 1~2 次，冬季结合中耕松土覆盖，施入有机肥，尽量缩短果树的非生产周期。

神秘果一年中可多次抽梢、开花、结果，对肥料需求量比较大。成年的结果树应将有机肥和复合肥混合使用。在早春合理增施氮肥以促进枝梢的生长，待每次新梢长出、叶片开始转绿时施 1 次复合肥，并每 10 d 用 0.2%磷酸二氢钾加 0.2%尿素进行 1 次叶面喷施。结果树在新梢生长期用 40%乙烯利与 500 倍液的 B9 混合喷施，可抑制新梢生长，促进花芽分化。盛花期喷施 1 次 0.5%硼砂可大大提高坐果率。在施用保果壮果肥时，采用有机肥和复合肥混合使用的方式，应使用占比为 45%~48%的复合肥，配合微量元素和 0.2%磷酸二氢钾进行喷施。在冬末春初施用基肥，用于恢复树势、促进生长，并重施深施农家肥和磷钾肥。

第四节　整形修剪

神秘果主枝发育不明显，侧枝萌发力强，属于低位萌发植物，自然树形较为散漫。

幼树以促增长、定型培养合理的树冠（含盆栽）为主，宜采用自然开心形或自然圆头形进行修剪。根据新梢抽发的不同时期，可采取不同的整形修剪措施，如拉枝、撑枝、断顶等，促进枝条合理分布，疏去内膛密枝，剪去徒长枝，以及拥挤、无用、交叉的枝梢，选择健壮的、不同方向的2~3个芽作为侧枝培养，使果树形态在结果前期就固定下来。

成龄树则应依树整形，不拘泥于某一固定模式，只要做到树体内外部通风透光，各级枝条分布均匀有序就行。根据树体本身营养生长状况，抑强扶弱，确定修剪的树形和强度。冬季采果后，剪去病虫枝、徒长枝、下垂枝、过密枝、交叉重叠枝等，选留1~2枝成枝力强的枝条替代主枝外围的枝条，作为轮换的结果枝。

第五节　花果管理与果实采收

一、保花保果

花蕾期喷施1~2次0.2%硼砂和0.1%磷酸二氢钾，盛花期喷施1次0.5%硼砂，结合人工授粉，可大大促进坐果。谢花后生理落果前喷施全素叶面肥，促进果实膨大及保果，可结合病虫害防治措施施用。

二、疏花疏果

神秘果在主要花期时花量大，应及时进行疏花，以减少养分的消耗、促进果实生长。在幼果期也要对病斑果、畸形果进行疏除，并适当追肥，以提高果实品质。

三、果实采收

实生树一般4~5年开始结果，当果实长1.0~1.5 cm、颜色鲜红色时，即可适时采收。

第六节　病虫害防治

神秘果的病虫害发生很少，主要病虫害有藻斑病、叶斑病、炭疽病、蚜虫、吹绵蚧、飞虱等，平时要注意观察，一旦发生病虫害要及时防治。

一、病　害

（一）藻斑病

1. 症　状

叶片上生灰白色斑点，圆形或近圆形，大小不一，四周黑色，中央灰白色呈放射状向四周扩展。

2. 病　原

病原为头孢藻（*Cephaleuros* sp.）。树冠阴蔽、通风，透光不良易导致发病。管理差、土壤瘠薄、干旱等造成树势衰弱，也易受害。

3. 防　治

加强果园管理、合理施肥、灌溉、注意排水，增强树冠。及时清除落叶，集中销毁，减少侵染源。于 4 月下旬至 5 月初发病期，在发病严重的果园喷布硫酸铜∶生石灰∶水＝1∶2∶200 的波尔多液、20%噻森铜悬浮剂 500 倍液或 10%苯醚甲环唑水分散粒剂 1 500 倍液，防治 1~2 次。

（二）叶斑病

1. 症　状

为害叶片，叶缘生半圆形至不规则形白色病斑，边缘围以紫黑色波状细线，后期病斑上现稀疏黑色小粒点，即病原菌分生孢子器。病斑背面褐色，边缘深褐色。福建、广东、海南、广西、云南均有发生。

2. 病　原

病原为叶点霉（*Phyllosticta* sp.），属无性型真菌。分生孢子器扁球形，黑褐色，生在叶片的表皮下。分生孢子近椭圆形至长圆形，单胞无色。病菌以菌丝体或分子孢子器在病树上或随病残体留在土壤中越冬，分生孢子随风雨或淋水溅射传播。

3. 防　治

秋冬季清除害病组织，以减少菌源。发病初期喷硫酸铜：生石灰：水＝1：1：100 的波尔多液、30%醚菌酯悬浮剂3 000倍液或40%多菌灵·硫黄悬浮剂600倍液防治。

（三）炭疽病

1. 症　状

病原菌侵染叶片引起病斑，或侵染果实使表皮产生褐色圆斑，甚至导致果实腐烂。

2. 防　治

加强栽培管理，修剪病虫枝叶，剪除病果，结合清园，烧毁病虫枝，消灭初侵染源。用50%多菌灵可湿性粉剂600～800倍液、70%甲基托布津可湿性粉剂800～1 000倍液、大生 M-45 1 000倍液或瑞毒霉1 500倍液等内吸性杀菌剂喷雾防治。

二、虫　害

（一）蚜虫、蚧（如圆形盾蚧、吹棉蚧等）和飞虱

发病症状：若虫和成虫群集在新梢的嫩叶和嫩茎上吮吸汁液，被害嫩叶卷缩，生长受阻，并能诱发煤烟病。

防治方法：①利用天敌，如瓢虫、亚非草蛉、大草蛉、食蚜蝇和蚜茧蜂等，果园天敌数量多时，可以不喷药或减少喷药次数。②选用10%吡虫啉可湿性粉剂2 000倍液、40%乐果乳油800倍液、50%马拉硫磷乳油1 000倍液或10%氯菊酯2 000倍液喷雾防治。

（二）其他害虫

其他常见害虫有天牛、椿象及金龟子等。

防治方法：①利用撒毒饵杀成虫等方法。于4月成虫出土为害期，用4.5%高效氯氰菊酯乳油100倍液拌菠菜叶，撒于果树树冠下，每平方米3～4片，作为毒饵毒杀成虫，连续撒5～7 d。②成虫盛发期，可利用成虫的趋光性，用频振式杀虫灯诱杀。③在果园内安装黑光灯，灯下放置水桶，使诱来的成虫掉落在水中，然后进行捕杀。④在果园内设置糖醋液诱杀罐进行诱杀。

第七节　盆栽管理

上盆初期采用薄施勤施的方法，每 15~20 d 施肥一次。施 10% 腐熟人粪尿和 0.1% 过磷酸钙（滤出液），或施 0.3% 复合肥。随着植株的生长，每半个月浇施一次稀薄的饼肥水，内加 0.1% 的磷酸氢钾，可促成其多开花、多挂果。盛花期喷施一次 0.2% 的硼砂可大大提高坐果率。结果期，为了有较高的结果数，要在不断除去新梢的基础上，用 0.2% 磷酸二氢钾加 0.2% 尿素，每 10 d 进行一次叶面喷施。当环境温度低于 15℃ 或高于 32℃ 时，应停止施肥。

北方地区（温室内）盆栽，为防止叶片出现生理性黄化，可在浇灌水中，加入 0.1% 的硫酸亚铁粉末。生长季节，应经常保持盆土处于湿润状态，盆土表面约 1 cm 深处变白发干时要及时补充浇水。每月松土 1 次，梅雨季节提防盆土内积水。在高温夏季，盆要留足沿口，使水分充分浸透盆土，防止浇半透水，可在土壤表面加干草或废旧遮阳网等作为覆盖，且要通过遮光、喷水等措施，创造一个相对凉爽的环境；秋天空气干燥，可采用吊瓶供水的方法，最好滴灌；从秋末冬初开始，每周浇水 1 次，或常以喷水代替浇水。观赏用盆栽以圆形树冠为佳。每年修剪 2~3 次，将不利造型的过密枝、直生枝、病虫枝剪去。盆栽结果要控制结果量，摘除畸形果，每枝保留 2~3 粒果。

第六章　神秘果保鲜技术

果蔬生产都具有特定的季节性和区域性，果蔬采收后仍然是有生命的有机体，会进行各种生理代谢活动，分解、消耗能量和养分，并释放出呼吸热，使果蔬变质，造成损耗。采取合理的贮藏保鲜技术，能够有效地延长新鲜果蔬的贮藏期，繁荣果蔬市场，改善人们的生活水平，具有显著的经济效益和社会效益。

第一节　果蔬保鲜技术

一、冷　藏

冷藏是目前世界上应用最广泛的果蔬贮藏方法，不受自然条件限制，一年四季均可进行，打破了果蔬供应的季节性。1875 年，人类发明机械制冷系统以来，世界范围内的冷藏技术迅猛发展。因为贮藏库和制冷机械设备需要较多的资金投入，运行成本较高，我国果蔬贮藏多以中小型贮藏库为主。

二、气调贮藏

气调贮藏（Controlled atmosphere，简称 CA），其原理是使果蔬在低氧和高二氧化碳的人工控制空气中进行密闭冷藏，使果蔬处于冬眠状态，以降低果蔬的呼吸强度，延缓成熟过程，从而达到保鲜的目的。它主要由库房的气调机、制冷系统、加湿器和气密保温材料组成。

气调贮藏的过程中，如果气体浓度控制不好，容易发生气体伤害。二氧化碳浓度过高，会导致果实褐变、黑心等生理病害发生；氧气浓度过低，就会发生缺氧呼吸，消耗更多的营养成分，产生酒精和乙醛，造成果蔬生理病害，严重的还会导致微生物的侵染，使蔬腐烂变质。

据报道，美国和以色列的柑橘气调贮藏量为总产量的 50% 以上；新西兰的苹果和猕猴桃总产量的 30% 以上采取气调贮藏；法国、意大利及荷兰等国家气调贮藏苹果均达到总贮藏的 50%~70%。在国内，"PVAS 真空气调保鲜装置"和"自动控制自发式气调库"等设施推广价值较好。

三、减压贮藏

减压贮藏又称低压贮藏、负气压贮藏或真空贮藏等，是在冷藏和气调贮藏的基础上进一步发展起来的一种特殊的气调贮藏方法。它是将果蔬置于密闭容器或密闭库内，用真空泵将容器或库内的部分空气抽出，使内部气压降到一定程度，同时经压力调节器输送新鲜湿润的空气（相对湿度 80%~100%），整个系统不断地进行气体交换，以维持贮藏容器内压力的恒定并保持一定的湿度。在低压条件下，可以抑制果蔬的呼吸作用，降低空气中氧气的含量、阻止果蔬贮藏期间乙烯、乙醇等有害气体的积累，从而延长货架期。

20 世纪 70 年代以来，美国、英国、日本等发达国家普遍关注减压贮藏，应用范围从最初用于苹果迅速扩大到其他水果、蔬菜，并取得了良好的贮藏效果。近年来，我国一些学者在减压贮藏技术上也进行了深入的研究。

四、防腐剂保鲜

防腐剂按其来源不同可分为两类：化学合成防腐剂和天然防腐剂。化学合成防腐剂由人工合成，种类多，包括有机和无机的防腐剂 50 多种，其中世界各国常用的化学合成防腐剂有苯甲酸钠、山梨酸钾、二氧化硫、亚硫酸盐、丙酸盐、硝酸盐和亚硝酸盐等。我国批准可使用的化学合成防腐剂只有苯甲酸、苯甲酸钠、山梨酸钾和二氧化硫等少数几种。使用化学合成防腐剂虽有较好的保鲜效果，但用量如超过限制标准则会对人体健康有一定的影响。

天然防腐剂是生物体分泌或体内存在的防腐物质，经人工提取后即可用于食品防腐，具有安全、无毒、高效，并能增进食品的风味品质等特点。鉴于此，近年来人们开始把注意力转向天然果蔬保鲜剂的开发与研究上，并已取得可喜的效果。目前，在国内外常用的天然果蔬保鲜剂主要有茶多酚、蜂胶提取物、魔芋甘露聚糖、大蒜提取物、壳聚糖等。英国研制出一种无色、无味、无毒、无污染、无副作用的可食果蔬保鲜剂——森柏保鲜剂，是由植物油和糖组成，可抑制果蔬呼吸作用和水分蒸发。中国科学院武汉植物研究所从 73 种植物的 173 个抽提物中筛选出代号为 EP 的猕猴桃天然防腐保鲜剂，试验表明其保鲜效果较佳。

五、植物生长调节剂保鲜

植物生长调节剂是人们根据天然植物激素和生理特性模拟合成的具有生理活性的化学物质。目前研究应用较多的植物生长调节剂有生长素类、赤霉素类、细胞分裂素类等。生长素类可降低果实腐烂率；赤霉素类，可阻止组织衰老、果皮变黄、果肉变软；细胞分裂素类，可以保护叶绿素，抑制果蔬衰老。有些植物生长调节剂对人体健康和环境有负面影响，使用时需谨慎选择。

六、生物技术保鲜

生物技术保鲜是一种正在兴起的食品保鲜技术，目前应用较多的是酶法保鲜。酶法保鲜的原理是利用酶的催化作用，防止或消除外界因素对食品的不良影响，从而保持食品原有的品质。酶的催化作用具有专一性、高效性和温和性，因此酶法保鲜可应用于各种果蔬保鲜，有效防止氧化和微生物对果蔬所造成的不良影响。当前用于保鲜的生物酶种类主要有葡萄糖氧化酶和细胞壁溶解酶。彭穗等采用乳酸链球菌素与复合生物酶对辣椒在常温下的生物保鲜工艺进行了研究，结果表明能有效抑制辣椒的发酵，延长辣椒保质期。同时，生物防治和利用遗传基因进行保鲜是生物保鲜技术在果蔬贮藏保鲜上应用的典型例子。分子生物学家发现，乙烯的产生可作为果蔬成熟的标志。国外还研究发现，利用 DNA 的重组和操作技术来修饰遗传信息，或用反义 RNA 技术来抑制成熟基因（如 PG 基因）的表达，进行基因改良，可推迟果蔬成熟和衰老，延长贮藏期。此外，也有人将从真菌与放线菌等微生物的发酵液中提炼萃取的生物保鲜液用于荔枝、草莓等果蔬保鲜，效果理想。

七、臭氧保鲜

臭氧是一种强氧化剂，其氧化能力比氯强 1.5 倍，又是一种良好的消毒剂和杀菌剂，既可有效杀灭果蔬表面的微生物，又能抑制并延缓果蔬有机物的水解，同时可分解果蔬成熟过程中释放的乙烯，从而延长果蔬的贮藏期。有研究通过试验证明臭氧保鲜能有效控制草莓、山莓等果实的微生物和真菌病原体。另外，采用臭氧处理经人工接种青霉的柑橘和柠檬，果实腐烂率可显著降低。采用臭氧技术对荔枝、银杏、甜玉米等果蔬进行保鲜研究，结果表明，防腐效果好，且对果蔬中维生素 C 等营养成分无影响。使用臭氧保鲜时，结合包装、冷藏、气调等手段可以提高果蔬保鲜效果。

八、辐照保鲜

辐照保鲜技术是利用电离辐射产生的 γ 射线、β 射线、χ 射线及电子束对产品进行加工处理，使其中的水和其他物质发生电离，生成游离基或离子，产生杀虫、杀菌、防霉、调节生理生化等效应，从而达到保鲜目的。它具有高效、安全可靠、无污染、无残留，以及可以保持食品原有的色、香、味等优点。新鲜果蔬的辐射处理选用相对低的剂量，一般小于 3 kGy，否则容易使果蔬变软并损失大量的营养成分。例如，用 2 kGy 照射漂洗烘干后的胡萝卜碎片，抑制了好氧菌和乳酸菌的生长。目前，辐照综合保鲜技术已应用于果蔬保鲜中，效果突出。例如，板栗的贮藏采用辐照杀菌、冷藏保鲜的组合技术可抑制板栗发芽、杀灭害虫、减少霉烂和降低失水率，贮藏期达 10 个月以上，好果率达 95%。

九、热处理保鲜

热处理保鲜是近年来发展起来的一种控制果蔬采后腐烂的新方法。热处理的作用仅局限于果蔬的表面或表皮以下的数层细胞，可杀死或钝化引起腐烂的多数病原菌，且由于热处理的时间短，故对果蔬各种生化指标的影响不大。热处理的关键是要控制好温度和时间。在国内有人以苹果、番木瓜、杜果、柑橘、番茄、菜豆、木瓜、柠檬和桃为材料进行热处理贮藏保鲜研究，取得了初步成果，这项技术被广泛应用于水果蔬菜的采后处理。

十、涂膜保鲜

涂膜保鲜是在果蔬表面涂上一层极薄的膜，以此来抑制果蔬的呼吸作用，阻止果蔬水分散失，防止外界氧气与果蔬内部成分发生氧化作用，提高果蔬抗机械损伤的能力及抵御病原菌侵蚀的能力，从而保护果蔬的色、香、味、形及营养，延长果蔬的货架期。涂膜保鲜的成功主要依赖于膜的选择，不同的膜材具有不同的保鲜性能，同一膜材对不同的果蔬品种保鲜效果不一定相同，因此长期以来，涂膜保鲜的研究主要集中在优化膜材性能、开发新型涂膜材料等方面。

（一）果 蜡

果蔬涂膜保鲜剂最初使用的是果蜡，于 1930 年在美国问世。果蜡是一种含蜡的水溶性乳液，喷涂在果实的表面，待干燥以后，固形物留在果皮表面形成薄膜，薄膜中有许多微孔，这些微孔弯弯曲曲，三维相通。果蜡能抑制果实的新陈代谢等生理生化过程，减少表面水分蒸发，推迟生理衰老。经过打蜡的水果，色泽鲜艳，外表光洁美观，商品价值高，货架期长，且包装入库简单，一经问世，便被广泛的推广和应用。我国在 20 世纪 80 年代末引进了这项技术，后经广大科研工作者的努力，研制出了国产的保鲜果蜡，如北京林业大学研制的紫胶涂料，中国农业科学院研制的京 2B 系列膜剂，重庆师范大学研制的液态膜保鲜剂，北京化工研究所开发的 CFW 型果蜡。其中，CFW 型果蜡处理蕉柑的保鲜实验，证明其有良好的保鲜效果，在某些指标上甚至已经超过了进口果蜡。

（二）天然多糖

天然多糖，特别是淀粉、纤维素、壳聚糖、魔芋葡甘露聚糖等来源广泛且经济实用的多糖物质，在涂膜保鲜方面取得了较大的进展。现对应用较为广泛的几种多糖分别进行讨论。

淀粉是成本最低、来源最广的一类多糖，但其膜的光泽性较差、易老化而脆裂，这些性质限制了淀粉基涂膜的广泛应用，因此，以淀粉为基料的可食膜还有待进一步研究。在以淀粉为成膜基质的涂膜材料中添加蛋白质、脂质等物质可使膜的品质得到改善，此外，添加天然抑菌剂、天然抗氧化剂、钙离子、乙烯吸收剂等生理活性物质而得到的复合涂膜配方也有较好的应用前景。王昕等以玉米淀粉为基质，添加棕榈酸、甘油、单甘酯配制的可食膜处理番茄，取得了很好的效果。此外，对淀粉进行一定的化学改性后再作为涂膜材料的研究也有很多，用稀碱溶液对淀粉进行改性后处理新鲜草莓，草莓在失重率、硬度和腐败率等指标上均优于对照组。

纤维素经改性可制成甲基纤维素（MC）、羟丙基甲基纤维素（HPMC）、羟丙基纤维素（HPC）和羧甲基纤维素（CMC）。由 MC、HPMC、HPC 和 CMC 制得的纤维素膜具有一定的机械强度、抗油脂性好、成膜特性较好、对水蒸气和氧气具有一定的阻隔作用，因此，纤维素膜在食品保鲜领域的应用日益受到重视。商业上已有用纤维素衍生物作为成膜剂制成可食性涂膜液，英国 SEMPER 生物工程公司研制的果蔬保鲜剂 Semper-fresh，主要成分为蔗糖酯、纤维素和植物油。此外，采用羟丙基甲基纤维素（HPMC）涂膜番茄，发现 HPMC 可食膜可有效地减慢番茄后熟和番茄硬度损失，并延长其保存期。利用纤维素基多糖膜保鲜杧果，纤维素多糖膜可以在减缓杧果后熟和减少可挥发性香味成分的损失，但是在阻止水分的损失方面与其他保鲜膜（巴西棕榈蜡）相比略低。利用 CMC 作为亲水高聚物并分别以大豆油、蜂蜡等作为疏水相对桃子和梨进行涂膜保鲜，CMC 可以提高其保鲜效果，且非常适合桃子和梨的保鲜。

甲壳素是一种广泛存在于甲壳类动物外壳中的天然多糖化合物，其水溶性较差，经脱乙酰化改性处理，生成的产物为壳聚糖，由于其具有良好的水溶性而得以广泛应用。壳聚糖是一种高分子量的阳离子多糖，无毒、无污染，可诱变产生壳聚糖酶和植物抗生素，对真菌有较好的抑制作用。对果蔬而言，壳聚糖还可以诱导植物的结构抗病性，可使植物细胞壁加厚，木质化程度加强，调节植物体内与抗病有关的酶活性变化，产生植保素、酚类化合物等抗菌物质以及诱导病程相关蛋白，产生新的激发子诱导植物一系列防御反应等。此外，壳聚糖分子中的羟基与氨基可结合多种重金属离子形成稳定的螯合物，例如铁、铜等金属离子与其结合可以延缓脂肪的氧化酸败。利用壳聚糖为主要成分，添加蔗糖脂和乳酸盐对石榴涂膜处理，有效地阻止了石榴的呼吸作用和水分的蒸腾，抑制了病菌的侵入和生长。利用壳聚糖和蔗糖脂肪酸酯涂膜冬笋，在 7℃室温下可保鲜 30 d，其色泽基本不变。利用壳聚糖涂膜草莓和生菜，发现其对草莓的保鲜效果很好，时间可达 12 d，但对生菜的保鲜只有 4 d，且期间产生不良口感。

魔芋葡甘聚糖溶于水可形成凝胶状溶液，黏度高、稳定性及成膜性好，适合作为涂膜保鲜的基质，同时魔芋多糖还具有抑制果皮的褐变和微生物生长的能力。采用魔芋可食性膜处理荔枝，其果皮褐变率和好果率得到较好的控制，能较好地保持荔枝原有品质，延长荔枝的保鲜期和货架寿命。同时，魔芋葡甘聚糖是一种优良的膳食纤维，能有效地促进肠道蠕动，清除消化道的有害物质，并且还具有降低血压的作用。

海藻酸是糖醛酸的多聚物，一般以钠盐形式存在，具有良好的成膜性能。海藻酸钠涂膜可减少果实中活性氧的生成，降低膜脂过氧化程度，保持细胞膜的完整性，并使果实保持较低的酶活性，从而抑制果实的代谢活动，达到保鲜效果。邓勇等用海藻酸钠和蔗糖脂肪酸酯作为涂膜剂，对黄瓜进行涂膜处理，通过对黄瓜的失重率、硬度和叶绿素含量的测定，认为涂膜液对黄瓜有较好的保鲜效果。

天然多糖及糖复合剂同样对果蔬有很好的保鲜效果。普鲁兰多糖又名短梗霉多糖、茁霉多糖，它无色无味，易溶于水，成膜性好，其成膜后的透气性很低。利用普鲁兰多糖进行苹果涂膜保鲜，发现普鲁兰多糖涂膜的保水性较好。采用普鲁兰多糖溶液对温州蜜柑进行涂膜贮藏，经涂膜的柑橘失重率、烂果率均大大低于未经涂膜的柑橘，有效地延长了柑橘的采后货架寿命。利用从假酸浆中提取的多糖对牛奶葡萄进行涂膜保鲜，发现其具有明显的抑制呼吸和延缓衰老的作用，能明显地减轻牛奶葡萄的果皮褐变。利用刺槐豆胶和瓜儿胶等半乳甘露聚糖和蜡质复合保鲜果蔬，发现它们能有效降低果蔬的失重率。用黄原胶和蜡质复合保鲜果蔬发现它能有效降低果蔬的失重率并能很好地抑制风味物质的挥发，从而保持果蔬的风味。利用角叉胶和抗褐变剂复合涂膜苹果切片，能有效降低其呼吸率，并抑制微生物生长，从而延长其货架期。

（三）蛋白质膜

蛋白质为基质的膜具有比多糖类更好的性能，这是由于多糖只是单一聚合物，而蛋白质则有特殊的结构，赋予膜较大的功能特性。如含有巯基（-SH）的蛋白质变性时，形成以双硫键结合、不溶于水的空间网状结构膜，具有更好的阻隔性和机械性能。现对几种常用的蛋白质膜进行介绍。

最早的蛋白质膜是直接用豆奶做成。20 世纪 70 年代，有人用大豆分离蛋白做成膜。大豆蛋白膜与豆奶膜相比，外表较为光洁。如果用弱碱处理，团状卷曲的蛋白质四级结构就会被溶解，散开而成为长链状结构，更利于交联，这样，所形成的膜就具有更好的阻氧性和更高的强度。

　　用小麦蛋白质研制的可食用膜具有柔韧、牢固、阻氧性好的优点。以往的研究因工艺上的缺陷，研制出的小麦蛋白质膜透光性差，因而限制了它的应用。利用95%的酒精和甘油处理小麦蛋白质，得到柔韧度好、强度高且透明的膜。经过改进，优化了设计工艺，并加入交联剂，所得到的膜氧气渗透性较低，膜的强度和伸展性比原来提高4~5倍。

　　玉米蛋白膜作为保鲜膜的研究和使用都较少。曾有报道证实玉米蛋白质膜具有良好的阻隔性，且阻水性较好。但是，玉米蛋白膜有令人不快的气味；另外，玉米蛋白质膜价格昂贵，不易得，也限制了它在商业上的应用。

　　一些动物蛋白质也被用作成膜剂，例如，骨有机质、明胶、卵白蛋白质和鱼肌原蛋白质等。在pH值为3.0的条件下鱼肌原蛋白质膜的功能特性要优于其他的蛋白质膜，尤其是拉伸强度，甚至能和低密度的聚乙烯薄膜相媲美。

（四）复合型膜

　　复合型膜是由糖、脂肪、蛋白质经一定的处理而形成的膜。由于三者性质不同和功能上的互补性，所形成的膜性能更为理想。多糖类物质被认为提供了结构上的基本构造，蛋白质通过分子间的交叠使结构致密，而脂类则是一个良好的阻水剂。国内有人利用这种复合膜对阳山水蜜桃进行保鲜，效果较好。日本研究者用淀粉、蛋白质等高分子溶液，加上植物油制成混合涂料，喷在柑橘、苹果上，干燥后在产品表面形成直径为0.001 mm的膜，抑制了呼吸作用，使贮藏寿命延长3~5倍。OED是日本用于蔬菜保鲜的涂料，配方为10份蜜蜡、2份朊酪和1份蔗糖酯，充分混合后使其成为乳状液，刷在番茄或茄子的果柄处，干燥后可延缓其成熟，减少重量损失。

十一、复合保鲜技术

　　国内外对关于果蔬领域的保鲜技术研究较多，除上述保鲜技术外，还有紫外线、钙处理、熏蒸及高压保鲜等，研究方向已逐渐向材料学、食品化学、有机化学、遗传生物学、机械工程学等诸多领域发展。为提高保鲜效果、延长保鲜时间、降低成本、提高综合效益，果蔬保鲜技术正在由单一技术向复合技术方向发展，各种保鲜技术的综合应用是国际保鲜领域的流行趋势。

第二节 神秘果的保鲜方法

神秘果是一种特殊的浆果，其果皮薄，多汁，果实成熟期气温较高且空气湿度大，采后的鲜果在自然条件下极易变软腐烂，采后 4 d 即发生褐变，7~8 d 便失去商品价值，因此，采取适宜的保鲜技术尤为重要。目前，较为成熟的神秘果保鲜技术为葡甘聚糖保鲜液涂膜，其详情如下。

一、葡甘聚糖保鲜的原理

葡甘聚糖能抑制果蔬酶促褐变、长霉、果肉腐烂变质的机理可能是葡甘聚糖膜在果蔬表面形成一层隔绝层（成膜性），使果蔬处于休眠状态，减少了空气中的氧气进入果蔬内部，还可降低果蔬的呼吸强度，减缓果蔬呼吸所产生的 CO_2 向外扩散，从而对果蔬起到自发气调保鲜的作用，既减缓了果蔬的腐烂变质，又可以抑制病菌的侵入和蔓延，避免了氧气与多酚氧化酶（PPO）的反应。同时也减少了果蔬水分的蒸发，降低果蔬失水，从而达到良好的保鲜效果。

二、葡甘聚糖保鲜液涂膜操作方法

（一）选 果

选取成熟度一致、无病虫害、机械损伤的神秘果。

（二）葡甘聚糖保鲜液的配制

称取一定量的抗氧化剂（浓度为 1% 的抗坏血酸、浓度为 0.2% 的乳化剂吐温-80）、增塑剂（浓度为 1% 的甘油）溶于一定量的蒸馏水中，充分搅拌、溶解、混匀后，再加入一定量的葡甘聚糖（试验浓度为：0.6%、0.8%、1.0%、1.2%、1.5%），置于磁力搅拌器上搅拌混匀成黏稠状液体。

神秘果表面的蜡质导致不含吐温-80 的保鲜液不能在神秘果表面上均匀成膜。含吐温-80 的保鲜液虽然能黏附，但由于葡甘聚糖溶胶极不均匀，导致所成的膜也极不均匀。但加入甘油后，葡甘聚糖能均匀地溶解在蒸馏水中，可用该保鲜液涂布保鲜神秘果。

葡甘聚糖不能均匀溶解是因为葡甘聚糖是一种水溶性胶体，在溶解过程中，水分子的扩散迁移速度远远超过葡甘聚糖大分子的扩散迁移速度，这就使得葡甘聚糖颗粒发生溶胀或膨胀，导致颗粒表面产生薄薄的一层高聚糖黏稠溶液，使葡甘聚糖颗粒表面互相黏联而结块，而结块阻碍了葡甘聚糖进一步溶解。

葡甘聚糖的浓度直接影响膜的质量，浓度过大，膜液黏度大，不易脱气和涂膜，且易造成膜层不均；浓度过小，膜液的流动性大，黏度小，不易成膜。因此，葡甘聚糖的浓度过大或过小都会影响其作为神秘果保鲜液的成膜效果，进而不利于神秘果的保鲜。由于葡甘聚糖为亲水性多糖，葡甘聚糖膜和水蒸气的结合导致了吸水性溶胀现象，且膜越厚，吸水溶胀越明显，导致结构疏松，从而使水蒸气透过系数上升。由于膜所包裹的对象常为具有生命力的果蔬，其水蒸气透过系数必须符合果蔬特殊的生理作用，若水蒸气透过系数过大，会加速果蔬的蒸腾作用和呼吸作用；若水蒸气透过系数过小，易导致果蔬的无氧呼吸。研究证明在神秘果保鲜中，葡甘聚糖保鲜液浓度应适中，以1%左右为宜。

（三）涂　膜

将选好的果实放入保鲜液中浸泡1~2 min后捞出，待干后分组放入瓷盘中，在室温内储藏，定期观察。

第七章　神秘果的生物活性

神秘果的根、茎、叶、果实等均含有多种功能性成分，使其具有多种药理功效。目前，神秘果已逐渐成为医药研究者以及功能性食品、保健品、化妆品研发者关注的焦点。

第一节　神秘果的变味功能

神秘果本身并不具有甜味，却可以使不同的酸味食物以及稀释的各类无机酸和有机酸变甜，且作用时间通常可以达到 2 h 以上。使酸味变成甜味的起效物质是一种糖蛋白，即神秘果素（Miraculin）。口含神秘果素（0.4 mol/L）3 min 后再品尝 0.02 mol/L 的柠檬酸溶液，就能产生相当于 0.3 mol/L 蔗糖的甜度，并且甜味能持续 2 h 左右。每克鲜果中含有 300~400 μg 神秘果素，伴随果皮着色（果皮开始出现转色）在受粉 6 周后开始积累，积累的高峰出现在果皮全红以后（图 7-1）。

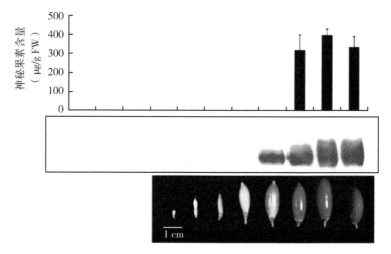

图 7-1　神秘果果肉中神秘果素天然积累过程

一、神秘果素的结构和功能

神秘果素是一种碱性的糖蛋白，等电点约为9。神秘果素在酸性的环境中才能表现出变味活性，且在 pH 值为 3.0 的时候，变味活性最高，而在 pH 值为 6 的条件下便无法显示出活性。同时，神秘果素单体在任何 pH 值条件下均无活性，只有二聚体和四聚体的形式在酸性条件时才具有变味活性。神秘果素共有 191 个氨基酸残基。神秘果素的 cDNA 能够编码并表达 220 个氨基酸作为一级结构，其中包括有 29 个是氨基酸的信号肽，191 个是氨基酸的成熟肽，二级结构含有 9.9% 的 α-螺旋，76.7% 的 β-折叠以及剩余的转角和无规则卷曲组成。

神秘果素中 3 个氨基酸残基（Cys、His 以及 Asn）对神秘果素结构的功能活性以及稳定性起着至关重要的作用。不同 Cys 两两之间形成的二硫键，将会影响神秘果素的稳定性和折叠方式。对神秘果素结构的稳定性而言，Cys-148 和 Cys-159 之间的二硫键是必不可少的，Cys-47 和 Cys-92，以及 Cys-152 和 Cys-155 的贡献相对较小。同时，Cys-138 将会在神秘果素单体之间形成二硫键，以使结构更加稳定。His-30 和 His-60 是神秘果素主要的活性位点，尤其是以 His-30 最为重要。同时，His 处在神秘果素二聚体结构的外层，位于突出部位的两个 His 残基对于神秘果素变味活性具有非常重要的作用。Asn-42 和 Asn-186 是神秘果素的糖结合位点，位置与 His 的类似，其碳水化合物含量占总体的 13.9%。

二、神秘果素的变味机理

神秘果可对多种复合味道起到变味功能，将酸味转变为甜味并使咸味降低，而对苦味和甜味没有效果。神秘果对于柠檬酸的酸味改变效果要优于对乙酸。味觉和味道（鼻后嗅觉）在大脑中是相互作用的，这种交互的规则还不是很清楚。与匙羹藤口味修饰剂对比，神秘果在酸中增加了甜味，并降低了酸味（混合物抑制）。匙羹藤减少了主要甜食（巧克力和枫糖浆）的甜味，同时也减少了风味。神秘果增加甜味和减少酸味的双重作用使其效果变得复杂，主要是酸味食物（醋、柠檬、芥末、泡菜等）被神秘果增甜，但与添加甜味相关的任何风味增强似乎都被与酸味降低相关的风味降低所抵消。中度酸味的食物（番茄、草莓）加入了神秘果后甜味增强，从而增强了风味，由于酸味减少而导致的风味损失不足以抵消由于增加的甜味而导致的风味增强，因此最终是增强了番茄和草莓的风味。

神秘果素的变味功能体现在两个方面：使酸性物质的酸味转变为甜味；明显抑制酸性物质的酸味，同时也可以抑制苦味物质的苦味，例如，它可使尿素的苦味明显降低。神秘果素之所以能使酸变甜是因为在类似于酸性物质和甜味物质的混合物中，酸性物质受到甜味物质的减效作用，这个过程中并没有直接关闭酸味受体。还有一种假说认为，神秘果素具有变味功能是因为神秘果素与甜味受体的对立面发生了结合，在合适的酸环境中，神秘果素可以改变它的构象与甜味受体发生结合，从而加强对甜味的感受，使人感受到甜味（图7-2）。但如果这种假说成立，那么酸味的信号仍可传输至中枢系统，但是脑磁波扫描图却只检测出了甜味信号，因此，使酸味变甜可能源于中枢系统中的味道信号传输中发生了改变。这些理论都认为神秘果素变味功能与人体受体紧密相连，因此在探究神秘果素结构的同时，也对了解人体味蕾结构会有很大帮助。在一定条件下，神秘果素才能表现出变味活性作用。当 pH 值为 3.0 时，神秘果素的活性是最强的；当 pH 值 ≥ 6.0 时，即中性和碱性条件下，神秘果素不能表现活性。神秘果素在以二聚体或四聚体形式存在的情况下才会表现出活性，如果以单体形式存在则不能表现出活性。在酸性条件下平衡会向生成二聚体或四聚体方向移动，碱性条件下则会向生成单体方向移动。神秘果素的变味活性作用机制可能是神秘果素与 h T1R2-h T1R3 受体结合，在中性条件下不能改变味觉，而在弱酸性条件下能使味觉发生改变，且改变作用随着酸性增强而增强。在 pH 值为 3 和 7 的条件下，对于二聚体神秘果素而言，通过测定神秘果素和其他不同突变体的回转半径以及均方根偏差，可发现在酸性条件下，2 个带电的组氨酸（Histidine，His）被诱导，这种变化导致其在酸性条件下会比在中性条件下更快地达到平衡；相对于中性条件，在酸性条件下，其单元结构之间的质量中心距离会加大；pH 值会导致 2 个亚基 His-30 重排，从而导致 His 的位置拉近。这些变化会使得神秘果素的结构具有一定的开放性，促使它与受体相结合，从而达到改变味觉的作用。His-30 和 His-60 是其活性位点，其中最重要的是 His-30。

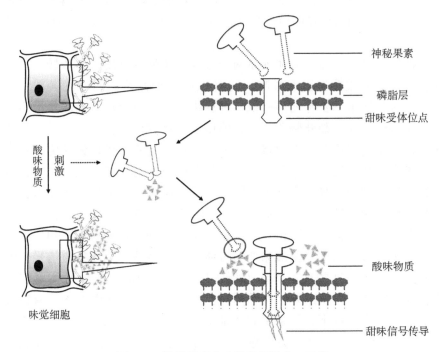

神秘果素
磷脂层
甜味受体位点

酸味物质 刺激

酸味物质

味觉细胞

甜味信号传导

图7-2　神秘果素变味机理假说之一示意

第二节　神秘果对血糖、血脂和尿酸的影响

一、对血糖的影响

除了改变味觉的功能外，神秘果冻干粉还被证明可以降低高果糖饮食的糖尿病大鼠的血糖和改善胰岛素抵抗。其降糖作用在一定范围内随着药物剂量的增加而增加。神秘果汁可降低四氧嘧啶致糖尿病小鼠的血糖，其降血糖作用接近阳性药物二甲双胍。

给小鼠灌胃高果糖饮食4周后给小鼠喂食神秘果冻干粉，神秘果可使小鼠的血糖降低，且剂量越高，降低作用越明显。此外，每次按照0.2 mg/kg的剂量给产生胰岛素抵抗的小鼠喂食神秘果提取粉，每日3次，喂食3 d后发现葡萄糖—胰岛素指数的上升趋势被逆转，神秘果冻干粉被证明可以降低高果糖饮食的糖尿病大鼠的血糖并改善胰岛素抵抗，其降糖作用在一定范围内随着药物剂量的增加而增加。最终得出神秘果冻干粉能够提升胰岛素敏感性，并能用于辅助治疗糖尿病的结论。基于此，多人开展了神秘果对糖尿病具体作用的研究。使用大鼠链脲佐菌素腹腔注射制作糖尿病模型，分别用 3 组不同剂量神秘果提取物灌胃 5 周，发现神秘果提取物具有一定的降血糖功能，且浓度越高，降血糖效果越为显著。并且神秘果提取物应该是通过有效改善糖耐量水平、增加胰岛素敏感性和调节脂代谢紊乱的途径来降低糖尿病模型动物的血糖水平，其中发挥效果的有效活性成分可能是神秘果素。另一种小鼠糖尿病模式是采用四氧嘧啶腹腔注射小鼠建立，设立 3 组不同神秘果，以及神秘果、明月草复合物的剂量水平，按相同灌胃量连续灌胃 26 d 后测量小鼠的体重和血糖水平。神秘果以及神秘果和明月草复合物具有一定的降血糖作用，且神秘果低剂量组和高剂量组的降血糖作用与降血糖药物二甲双胍类似，此外灌胃期间糖尿病小鼠的体重也有增加趋势，但是无量效关系。

由于发挥降糖效果的有效活性成分是神秘果素、果皮和果肉中的多酚类成分，而现阶段对于神秘果素的提取常采用透析法、离心分离法、溶剂沉淀法和色谱法等，这些方法具有各自的不足之处：透析法和离心分离法提取率和回收量低，因此对神秘果的利用率也较低；溶剂沉淀法会引入过多的有机溶剂，造成溶剂残留，纯度低等问题；色谱法虽然获得的神秘果素纯度较高，但是不易操作，神秘果素的活性难保持，同时生产成本过高，不适于大规模的工业生产。将神秘果果肉提取物和神秘果素复配制成片剂，神秘果片剂的降糖效果明显优于单独的神秘果果肉提取物，同等用量的情况下，加入神秘果素与神秘果果肉提取物起到了协同的降糖效果，并且可以延长降糖作用的时间，使血糖更长久地处于低水平状态，从而降低药物的使用频率（图 7-3）。

此外，神秘果其他部位同样具有降糖作用。神秘果种子富含天然甾醇和钠、钾、钙、镁等微量矿物质元素，具有调节血压、缓解心绞痛的作用。用四氧嘧啶腹腔注射小鼠法造模，用提取的神秘果种子蛋白质给小鼠灌胃，灌胃 14 d 后，神秘果种子蛋白质可有效大幅促进小鼠分泌胰岛素，降低其血糖含量。使用链脲佐菌素腹腔注射小鼠制作糖尿病模型，确定不同的神秘果提取物剂量水平，灌胃 21 d 后，神秘果叶甲醇提取物和类黄酮提取物均能有效降低小鼠血糖。神秘果提取物中的多酚在降低血糖过程

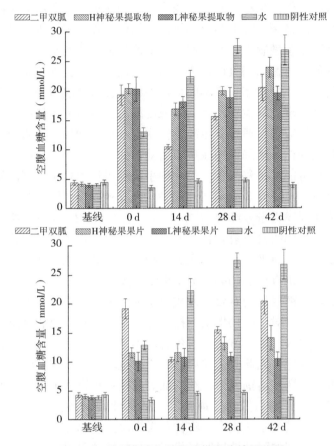

图7-3　神秘果素和神秘果提取物协同作用

中起到了重要作用，可为心血管疾病和糖尿病的治疗提供新思路。

　　因此，作为一种天然安全的新型甜味剂或食品添加剂，神秘果可用于食品和药品行业，在一定程度上既满足了糖尿病患者对甜食的需求，又符合当代人追求低糖健康饮食的需要。

二、对血脂的影响

　　在研究神秘果降糖作用的同时，发现其除具有一定的降血糖功能外，还具有降低血脂的作用。

　　以链脲佐菌素腹腔注射大鼠制作糖尿病模型，用不同剂量神秘果鲜果提取物灌胃后发现神秘果可降低链脲佐菌素诱导的糖尿病大鼠血糖，改善口服葡萄糖耐量，还具有一定的改善脂肪代谢的作用，可降低糖尿病大鼠血清中的血清甘油三酯（TG）、总胆固醇和低密度脂蛋白胆固醇水平，并增加糖尿病小鼠模型血清中的高密度脂蛋白胆固醇（HDL-C）水平，从而使小鼠的血脂水平降低。

以高脂饲料给小鼠灌胃的方式建立高脂血症模型，灌胃 28 d 后发现神秘果果肉和种子提取物的降血脂作用方式不同：神秘果果肉的提取物可降低总胆固醇、血清甘油三酯、低密度脂蛋白胆固醇，提升高密度脂蛋白胆固醇，从而达到降血脂的目的。另外，神秘果种子的提取物可降低总胆固醇和低密度脂蛋白胆固醇的含量。

三、对尿酸的影响

神秘果叶乙醇、水提取物对大鼠血清尿酸、肌酐、尿素氮以及体重均有影响。

如果以氧嗪酸钾灌胃大鼠制作高尿酸血症模型，使大鼠血清尿酸含量显著高于正常组，且随观测时间的延长显著增加。黄嘌呤醇是有效的黄嘌呤氧化酶抑制剂，同时是治疗高尿酸血症的临床药物。氧嗪酸钾可使大鼠血清尿素氮含量增加，但对血清肌酐含量无显著性影响。黄嘌呤醇可显著降低大鼠血清肌酐、尿素氮含量。采用黄嘌呤醇灌胃高尿酸大鼠可在短时间内（10 d）显著降低其尿酸水平，且在观测期内（30 d）使大鼠血清尿酸维持在正常值。神秘果叶提取物、神秘果叶乙醇提取物和水提取物均具有降低高尿酸大鼠血清中尿酸含量的作用。不同的是，神秘果叶提取物可在 10 d 内显著降低高尿酸大鼠血清尿酸含量；神秘果叶乙醇提取物能在 30 d 内可持续下调高尿酸大鼠血清尿酸水平，同时降低肌酐含量及尿素氮含量，呈现出较好的护肾活性，而水提取物仅在 20 d 内下调高尿酸大鼠血清尿酸水平。因为与神秘果叶水提取物相比，乙醇提取物中含有降尿酸活性物质强于水提取物，可以在较长时间内调节高尿酸大鼠血清尿酸水平。各提取物组中，大鼠体重在观测期内持续增长，且各组大鼠体重无显著性差异，神秘果叶提取物对大鼠无毒副作用。如果以给小鼠灌服黄嘌呤和乙胺丁醇的方式建立小鼠高尿酸血症模型，分别用神秘果叶水提物低（830 mg/kg）、中（1 660 mg/kg）、高（3 320 mg/kg）3 组不同剂量组灌胃 7 d。会发现不同剂量的神秘果叶提取物均能明显降低小鼠的血尿酸含量。神秘果叶的乙醇和水提取物均能降低高尿酸大鼠的血清尿酸水平，乙醇提取物的活性高于水提物。如果以氧嗪酸钾腹腔注射小鼠的方式建立小鼠高尿酸血症模型，会发现神秘果叶的正丁醇提取物在 1 000 mg/kg 的高剂量下，通过降低血尿酸水平和抑制肝脏黄嘌呤氧化酶活性，改善氧酸钾盐引起的 ICR 小鼠的高尿酸血症。上述不同模型的试验结果均说明神秘果具有与黄嘌呤醇相当的明显降低小鼠血尿酸含量的作用。神秘果可能是通过黄嘌呤氧化酶抑制活性以及槲皮素类化合物在体内的降解两种途径来降低小鼠血尿酸含量，其中起关键作用的具体活性物质是槲皮素、槲皮素-3-O-α-L-鼠李糖苷和金丝桃苷等，它们可以抑制嘌呤代谢产生尿酸的关键酶——黄嘌呤氧化酶的活性。黄嘌呤氧化酶是嘌呤代谢生成尿酸过程中的关键酶，对于高尿酸血症的发生发展起到至关重要的作用。为了进一步验证结论，测试了神秘果叶乙醇提取物及其分离组分对黄嘌呤氧化酶的抑制活性，发现神秘果叶乙醇提取物呈现出良好的黄嘌呤氧化酶抑制活性，说明神秘果叶乙醇提取物的体内降尿酸作用很大程度上与其黄嘌呤氧化酶抑制活性有关。经有机溶剂分级萃取后，具有较强黄嘌呤氧化酶抑制活性的成分主要富集于乙酸乙酯相中。对于乙酸乙酯相的分级分组后，根据黄嘌呤氧化酶抑制活性强弱追踪分离鉴定得到 3 个槲皮素类化合物，分别为槲皮素、槲皮素-3-O-α-L-鼠李糖苷和金丝桃苷，且槲皮素-3-O-α-L-鼠李糖苷和金丝桃苷为神秘果叶乙醇提取物的主峰物质。对活性物质与降尿酸作用的构效关系进一步研究发现，神秘果叶乙醇提取物的体内降尿酸作用不仅与其原有化合物的黄嘌呤氧化酶抑制活性有关，还与槲皮素类化合物在体内的降解有关。槲皮素-3-O-α-L-鼠李糖苷的黄嘌呤氧化酶抑制活性较弱；金丝桃苷的黄嘌呤氧化酶抑制活性值较小，为 291.2 μg/g；槲皮素的黄嘌呤氧化酶抑制活性最强，为 13 008 μg/g，说明配糖体能大大降低槲皮素对黄嘌呤氧化酶活性的抑制作用。尽管如此，槲皮素糖苷类物质在小肠中可被酶解，脱去糖基，生成苷元，然后被结肠所吸收，最后出现在血液中。因此，神秘果叶乙醇提取物的黄嘌呤氧化酶抑制活性主要归因于槲皮素及多组分协同增效作用。推测槲皮素-3-O-α-L-鼠李糖苷与金丝桃苷可在体内生成其苷元，以槲皮素的形式出现在血液中发挥降尿酸活性。

第三节 神秘果抗氧化及抗衰老活性

除神秘果素外，神秘果中还含有丰富的维生素 C、维生素 E、表儿茶素、没食子酸、阿魏酸、芦丁、槲皮素、山柰酚等酚酸类和黄酮类化合物，具有很强的抗氧化活性。

一、神秘果叶抗氧化活性

以丙酮充分提取神秘果叶中的多酚后，通过体外抗氧化实验，证明了神秘果叶中的多酚对于 ABTS 自由基（ABTS + ·）、DPPH 自由基（DPPH·）及羟基自由基（·OH）这 3 种自由基具有良好的清除作用，半数抑制浓度分别为 51.81 mg/L、13.40 mg/L 及 28.91 mg/L，抗氧化性良好。改用甲醇提取神秘果叶中的多酚，在最佳提取条件下测定神秘果叶中总酚的含量为 88.77 mg/g DW。然后进行体外抗氧化实验，随着溶液中总酚浓度的增加，其对 DPPH 自由基的清除能力也随之上升。当溶液中总酚的浓度为 74 μg/mL 时，溶液中的 DPPH 自由基基本被全部清除。IC_{50} 指的是在清除实验中能够清除溶液中 50% DPPH 自由基时抗氧化剂的浓度。IC_{50} 值越低，说明清除能力越强。计算得出神秘果叶甲醇提取液对 DPPH 自由基清除的 IC_{50} 为 30.44 μg/mL，抗氧化性良好。IC_{50} 小于其他热带水果提取物的研究报道，例如，龙眼的果皮和树叶提取物，以及杧果果皮提取物。因此，相对于其他报道的热带水果及作物，神秘果叶提取物表现出了优异的自由基清除能力。与山柰酚、抗坏血酸和表儿茶素相比，1 mg/mL 的神秘果叶乙醇提取物在自由基清除（DPPH 自由基和 ABTS 自由基）以及总还原能力方面都高于这 3 种物质。此外，神秘果叶乙醇提取物的铁离子氧化/还原能力（FRAP）值为 2.03 mmol/g DW。表儿茶素、山柰酚、抗坏血酸和神秘果叶乙醇提取物的金属离子螯合能力分别为 70%、63%、69% 和 68%。

二、神秘果果实抗氧化活性

（一）神秘果果实体外抗氧化活性

采用 60% 乙醇的提取溶剂以及 0.1% 盐酸提取神秘果果皮抗氧化物质，

采用 2×3 因素均匀设计法发现，在不同的温度和时间条件下，干燥果皮的总酚含量与其 DPPH 自由基清除能力（抗氧化性）的关联不大，而温度对于神秘果果皮的抗氧化性有影响，在 30~50℃ 范围内，温度越高，DPPH 自由基清除能力越强，抗氧化性越强。将神秘果、南瓜、木瓜 3 种植物的果粉的抗氧化能力进行对比，在相同的条件下，神秘果果粉对 DPPH 自由基的清除能力要优于南瓜粉和木瓜粉。通过测定神秘果果皮的总酚含量和抗氧化能力可以看出，神秘果果皮中提取的花青素具有较高的抗氧化活性，在适当的酒精浓度和酸度环境下，随着温度的升高而升高。不超过 50℃ 时，比较神秘果果皮、果肉和种子中酚类和黄酮类化合物的抗氧化活性，果皮中游离酚类化合物和游离黄酮类化合物的含量高于果肉和种子。

除此外，神秘果种子多糖对 DPPH、ABTS 等 4 种自由基的清除能力均较强，且与剂量呈正相关。

（二）神秘果果实对鱼油稳定性的影响

鱼油富含 EPA 和 DHA 脂肪酸，它们是两种长链不饱和 ω-3 脂肪酸，已被推荐用于促进心血管健康。然而，由于不饱和度高，食物中加入 EPA 和 DHA 会增加脂质氧化的趋势。为了在食品加工和储存过程中保留 ω-3 脂肪酸并稳定鱼油免受氧化，通常会在食品中添加合成抗氧化剂。然而，长期食用合成抗氧化剂的安全性令人担忧，因为抗氧化剂可能会在肝脏中积聚，甚至导致致癌作用。鱼油在磷缓冲液（pH 值 7.2）中与吐温匀浆，并在 37℃ 下孵育以模拟人血清中易受伤害的脂质环境。乳液中 EPA 或 DHA 的保留反映了鱼油中脂质氧化的状态。氧化 24~72 h 后，未添加神秘果的鱼油中 EPA 和 DHA 显著下降。然而，添加少量神秘果提取物的鱼油（0.3 mg/mL）中，只有少量的 EPA 和 17% 的 DHA 被氧化，且 EPA 和 DHA 保留率较未添加神秘果的鱼油高几倍；添加高剂量神秘果提取物（0.6 mg/mL）的鱼油，72 h 后两种脂肪酸的保留率均保持在 100%。虽然在 ABTS 自由基的测定中，没食子酸的清除自由基能力明显高于神秘果果肉提取物，但神秘果提取物对脂质氧化的抑制比没食子酸更有效。

传统的抗氧化活性测定不能直接反映抗氧化剂在防止油水乳液中脂质氧化的能力。实际上，人体内的脂质氧化或相关氧化产物是组织细胞炎症的始作俑者，并可能导致患各种慢性疾病的风险。抗氧化剂在防止脂质氧化方面的有效性表明，在减少有毒脂质氧化产生、预防组织炎症和慢性疾病潜在风险方面具有更高的能力。因此，神秘果提取物可以作为一种食品抗氧化剂，有效地稳定食品中的脂质并延长其保质期。由于其在抑制人血清中的脂质氧化和有毒氧化产物方面具有更大的潜力，它还可以提供有效的健康促进功能。

三、神秘果种子抗氧化活性

用乙醚脱脂、乙醇沉淀的方法提取神秘果种子中的多糖，测点体外抗氧化活性发现神秘果种子中的多糖对于 ABTS+·、DPPH·及·OH 这 3种自由基具有良好的清除作用，半数抑制浓度分别为 0.31 mg/mL、0.41 mg/mL 和 0.24 mg/mL，抗氧化性良好。神秘果种子多糖对多种自由基均具有较强的清除能力，且与剂量呈正相关。

四、神秘果抗衰老活性

秀丽隐杆线虫（*Caenorhabditis elegans*）作为国际上衰老研究的热点模式生物，其衰老相关实验的标准化操作为天然产物延缓衰老的机制研究提供了极具价值的信息平台。秀丽隐杆线虫的 glp-1 是 N-糖基化跨膜蛋白，编码性腺末端细胞（Distal tip cell，DTC）生殖增殖信号受体，决定生殖细胞命运，是生殖细胞有丝分裂和维护生殖干细胞的基础，与线虫寿命延长有关。利用神秘果提取物喂养秀丽隐杆线虫发现，其具有提高线虫抗氧化、抗衰老的能力，对比其他植物提取物（表 7-1）发现，神秘果提取物对于线虫的抗衰老活性较强，将其应用于食品及化妆品领域安全可靠，开拓了神秘果的开发应用前景。并且神秘果提取物抗氧化、抗衰老的信号机制研究为未来在哺乳动物上的应用指明了方向。

表 7-1　不同提取物对线虫的抗衰老活性的影响

提取物种类	浓度（μg/mL）	延长寿命（%）
神秘果	5	10
蓝莓	200	28
银杏	200	8
白藜芦醇	50	14

不同神秘果提取物浓度对线虫抗衰老的影响效果不同，神秘果果实提

取物在浓度 0.001～0.010 mg/mL 时，均有延长线虫寿命的效果；而在 0.05 mg/mL 时，线虫寿命缩短，这是由于神秘果果实提取物浓度过高，超过其致死浓度所致。据此，神秘果果实提取物延缓线虫衰老机制实验的受试浓度选择 0.005 mg/mL（图 7-4）。适当浓度的神秘果提取物对于延长线虫寿命的效果显著高于灵芝提取物，但神秘果提取物浓度不宜过高，超过其致死浓度会导致线虫加速死亡（表 7-2）。

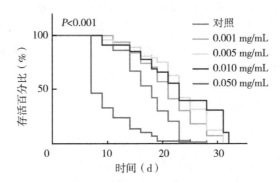

图 7-4　神秘果提取物对线虫寿命的影响

表 7-2　不同浓度神秘果提取物对线虫寿命的影响

样品	平均寿命（d）	死亡的线虫数/总线虫数（条）	与野生型线虫相比延长的寿命的百分比（%）	P
空白对照	19.13±0.47	85/92	100.00	
阳性对照	22.27±0.55	86/90	116.41	1.00×10^{-7}
神秘果提取物 1	21.59±0.51	75/83	112.86	5.29×10^{-4}
神秘果提取物 2	22.62±0.60	69/75	118.24	7.97×10^{-6}
神秘果提取物 3	21.91±0.60	72/82	114.53	2.92×10^{-4}

　　有研究表明，神秘果提取物延缓线虫衰老，延长线虫寿命主要是依赖于 Germ line 信号通路实现（图 7-5）。线虫的 glp-1 是 N-糖基化跨膜蛋白，编码性腺末端细胞（Distal tip cell，DTC）种系增殖信号受体决定种系细胞命运，该基因突变后线虫寿命延长。神秘果提取物抗衰老作用效果

明显，且安全可靠，为神秘果在化妆品及其他领域的进一步开发和利用提供了更广阔的发展前景。

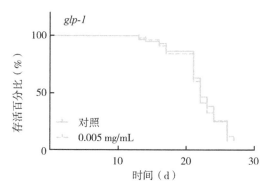

图7-5 神秘果延长线虫寿命依赖于 **Germ line** 信号通路

第四节 神秘果抗肿瘤活性

一、神秘果叶体外细胞水平抗肿瘤活性

（一）抑制肿瘤细胞增殖

不同处理的神秘果叶对多种癌细胞的增值活性抑制率不同。

神秘果叶总黄酮的抗肿瘤活性如表7-3所示，神秘果叶总黄酮对人肝癌细胞（BEL-7402）不具有抑制活性，而对人白血病肿瘤细胞（K562）、人肺腺癌细胞（SPC-A-1）和人胃癌细胞（SGC-7901）均具有较好的抑制活性，尤其有效抑制人白血病细胞的增殖，其 IC_{50} 值分别为 10.31 μg/mL、38.70 μg/mL 和 88.19 μg/mL。

表7-3 神秘果叶总黄酮的抗肿瘤活性和 IC_{50}

细胞	抑制率（%）			IC_{50}（μg/mL）
	总黄酮 1 μg/mL	总黄酮 10 μg/mL	总黄酮 100 μg/mL	
SPC-A-1	9.63	23.74	68.16	38.70
BEL-7402	NA	NA	6.59	>300

（续表）

细胞	抑制率（%）			IC_{50}（μg/mL）
	总黄酮 1 μg/mL	总黄酮 10 μg/mL	总黄酮 100 μg/mL	
K562	12.21	43.28	89.67	10.31
SGC-7901	8.47	14.36	58.10	88.19

神秘果叶经过70%乙醇超声提取，减压蒸干，得到神秘果叶粗提物浸膏400 g。将得到的粗提物浸膏以水全部混悬溶解，依次以等体积的石油醚、乙酸乙酯、正丁醇为萃取剂，进行多次液液萃取，得到石油醚萃取部分、乙酸乙酯部分和正丁醇部分。石油醚部分：7.9 g；乙酸乙酯部分：37.34 g；正丁醇部分：185.66 g；萃取剩下的部分为水层部分：154.58 g。以紫杉醇为对照，将粗提物和4个极性部位用于人乳腺癌细胞（MCF-7）、胃癌细胞（SGC-7901）和肝癌细胞（HepG2）的MTT试验，发现正丁醇部位对HepG2的清除能力最强（表7-4）。

表7-4　热带果树叶子提取物体外抗肿瘤活性筛选

样品	IC_{50}（μg/mL）		
	MCF-7	SGC-7901	HepG2
枇杷叶	>1 000	735.4	>1 000
阳桃叶	>1 000	>1 000	>1 000
波罗蜜叶	>1 000	>1 000	>1 000
神秘果叶	114.8	442.7	101.5
人心果叶	>1 000	357.2	199.04
紫杉醇（抗肿瘤药物）	3.15	4.05	3.94

通过MTT实验，测定神秘果叶提取物抑制5种癌细胞A549、HCT116、HepG2、MDA-MB-231和K562的增值作用。每种癌细胞的抑制活性呈现剂量依赖型，其中对于HepG2抑制增殖活性最高，IC_{50}值为48.4 μg/mL，K562、HCT116、MDA-MB-231和A549癌细胞IC_{50}值则分别为116.0 μg/mL、158.9 μg/mL、216.3 μg/mL和279.3 μg/mL（表7-5）。

表 7-5　神秘果叶对不同癌细胞增殖影响

癌细胞	IC$_{50}$（μg/mL）
A549	279.3
HCT116	158.9
HepG2	48.4
MDA-MB-231	216.3
K562	116.0

　　神秘果叶挥发油的抗肿瘤活性如表 7-6 所示，由表可知，神秘果叶挥发油对人白血病肿瘤细胞具有较好的抑制活性，其 IC$_{50}$ 值为 13.5 μg/mL。

表 7-6　神秘果叶挥发性物质的抗肿瘤活性

细胞	抑制率（%）			IC$_{50}$（μg/mL）
	挥发性物质 1 μg/mL	挥发性物质 10 μg/mL	挥发性物质 100 μg/mL	
SPC-A-1	NA	9.63	23.74	>200
BEL-7402	NA	NA	4.62	>200
K562	23.99	50.81	67.88	13.5
SGC-7901	NA	14.36	27.68	>200

（二）加速肿瘤细胞凋亡

　　用神秘果叶提取物处理后，受试的 5 株癌细胞在形态学上均表现出不同程度的变化，细胞皱缩，失去平滑的卵圆形，细胞膜被破坏，细胞器消失，染色体凝集，形成凋亡小体。利用流式细胞仪分析早期和晚期凋亡率，图 7-6 中，由于神秘果叶提取物浓度从 0~250 μg/mL 增加，HCT116 的早期凋亡百分比增加至 31.55%，MDA-MB-231 为 29.59%，HepG2 为 28.87%，K562 为 25.20%，A549 为 17.32%。当神秘果叶提取物浓度达到 1 250 μg/mL 时，早期细胞凋亡的百分比下降。同时，除 MDA-MB-231 外，所有细胞系的晚期凋亡均显著增加。表明较高浓度的提取物可以加速细胞凋亡。

（三）抑制肿瘤细胞迁移和侵袭

　　神秘果叶对细胞迁移的影响见图 7-7，浓度为 0.833 mg/mL 的神秘果

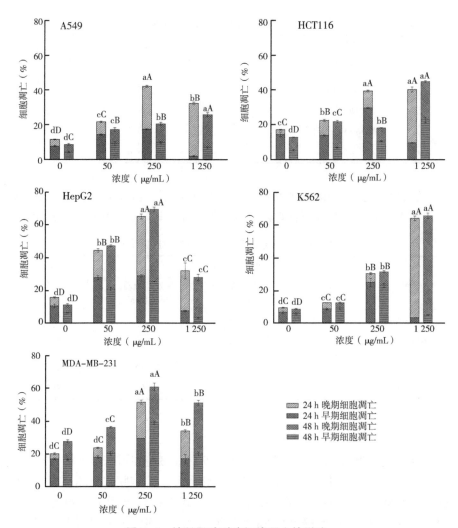

图 7-6　神秘果叶对癌细胞凋亡的影响

叶提取物对 A549、HCT116、HepG2 和 MDA-MB-231 的抑制率达到 50%，但对 K562 的抑制率只有 26.5%。当神秘果叶提取物浓度在 2.5 mg/mL 时，5 株细胞迁移抑制率均高于 88%，且没有显著差异。对细胞侵袭的影响如图 7-7 所示，当浓度为 0.8 mg/mL 神秘果叶提取物对 HepG2 的抑制率最高，为 79.7%，A549 和 HCT116 的抑制率分别为 67.7% 和 67.2%。因此，神秘果叶提取物对 5 株癌细胞的迁移和侵袭均具有很强的抑制力，其中，对 HepG2、A549 和 HCT116 的抑制最显著。

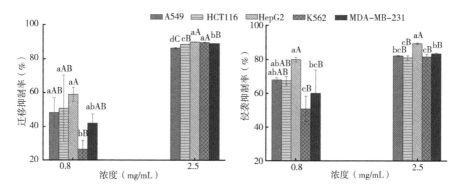

图7-7 神秘果叶对不同癌细胞迁移（左）和侵袭（右）的影响

二、神秘果叶体内抗肿瘤活性

（一）神秘果叶抑制斑马鱼胚胎的血管生成

血管生成在生物的生长或发育方面扮演重要的角色。肿瘤的发生和发展离不开血管的生成，其生长分为无血管期和血管期，肿瘤细胞主要依靠周围组织的弥散来获取氧和营养物质，随着肿瘤细胞的生长到了血管期，肿瘤病灶内出现新生血管，血管新生会使肿瘤从休眠期转变成恶性而生长迅速，并进入血液循环侵袭其他组织，引起转移。斑马鱼作为模型生物能实现体内脉管系统的高分辨率成像，并可以对血管生长和重塑进行长期的跟踪、重复成像，因此，其在血管生成、淋巴管生成、肿瘤形成、抗肿瘤药物筛选与评价等领域都得到了广泛的应用。为此，我们利用模拟斑马鱼肠下静脉血管的生成抑制，来表征受试神秘果叶提取物的抗肿瘤活性。

斑马鱼胚胎用浓度为 10 μg/mL、20 μg/mL 或 50 μg/mL 的神秘果叶提取物（SDE）处理 72 h。如图 7-8 所示，在对照组中观察到正常血管发育，其中肠下静脉血管（SIV）形成平滑的笼状结构。然而，在所有药物组中均可观察到 SIV 的异常发育。神秘果叶提取物对 SIV 形成的抑制作用呈剂量依赖型。在用 10 μg/mL、25 μg/mL 和 50 μg/mL 神秘果叶提取物处理时，SIV 形成的抑制率为分别从 50.05% 增加至 62.78% 和 79.21%。

结果表明，神秘果叶提取物对斑马鱼的血管生成具有抑制作用。

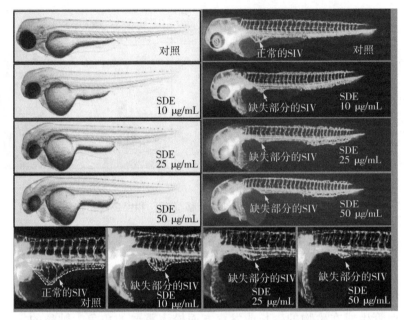

图7-8　神秘果叶对斑马鱼体内血管生成的抑制

与其他药物相比，神秘果叶提取物血管生成抑制活性较强（表7-7）。

表7-7　神秘果叶提取物体内抑制血管生成活性的比较

种类	浓度（μg/mL）	血管生成抑制率（%）
神秘果叶提取物	10.00	50
SU5416（血管生成抑制剂）	2.83	50
白藜芦醇	138.17	50

（二）神秘果叶抑制裸鼠移植性乳腺癌（MCF-7）及代谢组学分析

代谢组学是继基因组学、转录组学、蛋白质组学后新兴的一门对某一生物或细胞所有低分子量代谢产物进行定性和定量分析的新学科。从20世纪70年代开始，采取气相色谱—质谱联用来研究代谢物谱分析，发展到现在，美国、英国、荷兰、日本、瑞典等国家越来越多的大学将代谢组学应用于植物和微生物研究中。生物学方面可将代谢组学应用于定量细胞生理效应，发现新的代谢途径，筛选某类功能性化合物的关键基因，为今后的基因工程研究奠定基础；在农业及食品领域，可应用该技术促进植物基因功能组学的研究工作，鉴别转基因生物与野生型生物的代谢差异，观察不同基因过表达后植株的生物化学表现型，从而对转基因生物及其食品进行安全性评估；在医药及疾病诊断领域，代谢组学技术可应用于疾病发生与发展、药物作用机理及早期诊断、药物毒理评价等研究中。阐明神秘果叶抗乳腺癌的作用机制，获得可靠肿瘤标志物，为临床早期识别乳腺癌的高危患者提供依据，为进一步筛选神秘果叶抗乳腺癌活性物质奠定基础，为天然产物活性筛选开拓新思路。

将 MCF-7 细胞在添加有 10%透析胎牛血清（FBS）的 DMEM 培养基中于 37℃、5% CO_2 培养。为了建立肿瘤异种移植小鼠模型，将 MCF-7 细胞（$4×10^7/0.1$ mL）皮下注射到裸鼠（BALB/c，6 周龄，雌性）的肩部。两周后，将 MCF-7 异种移植小鼠随机分为 4 组（每组 $n=5$）进行治疗。4 组处理分别为媒介物（阴性处理，NT）、20 mg/kg 的阳性对照（PTX）、30 mg/kg 的神秘果叶提取物（低剂量神秘果叶，LSD）和 300 mg/kg 的神秘果叶提取物（高剂量神秘果叶，HSD），经腹膜内注射入小鼠。PTX 组、LSD 组和 HSD 组统称为治疗组。测量治疗后 1 d、3 d、5 d、9 d、14 d 的肿瘤大小，并计算肿瘤体积和肿瘤取血清样本，通过 GC-MS 分析样本。

色谱条件：DB-5MS 毛细管柱（30 m×0.25 mm×0.25 μm，Agilent J & W Scientific，Folsom，CA，USA），载气为高纯氦气（纯度不小于 99.999%），流速 1.0 mL/min，进样口的温度为 260℃。进样量 1 μL，不分流进样，溶剂延迟 5 min。

程序升温：柱温箱的初始温度为 60℃，以 8℃/min 程序升温至 125℃，5℃/min 升温至 210℃，10℃/min 升温至 270℃，20℃/min 升温至 305℃保持 5 min。

质谱条件：电子轰击离子源（EI），离子源温度 230℃，四级杆温度 150℃，电子能量 70 eV。扫描方式为全扫描模式（SCAN），质量扫描范围：50~500 m/z。

如图 7-9 所示，治疗 3 d 后 PTX、LSD 和 HSD 组的肿瘤体积小于 NT 组（$P<0.05$）。PTX 组在治疗 5 d 后显示最小的肿瘤体积，而 LSD 组和

HSD 组在 9 d 后的肿瘤体积有明显差异。在治疗的 14 d 结束时，与 NT 组相比，PTX、LSD 和 HSD 组的平均肿瘤体积显著降低（$P<0.01$）。PTX、LSD 和 HSD 组的平均抑制率分别为 50.79%、28.56% 和 43.64%，结果表明，神秘果叶显著抑制肿瘤生长。

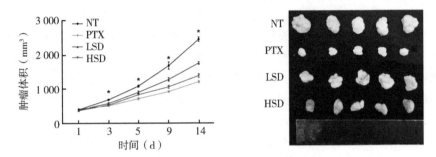

图 7-9　神秘果叶对荷瘤小鼠肿瘤生长的影响

　　使用流式细胞仪可以检测不同组中肿瘤细胞的凋亡，从而检测神秘果叶在抑制肿瘤生长中的作用。如图 7-10 所示，FCM 显示 PTX 组凋亡细胞百分比（包括早期和晚期凋亡）最高，其次是 HSD 组和 LSD 组，与 NT 相比均显著升高（$P<0.05$，$n=3$）。表明神秘果叶处理可以促进 MCF-7 异种移植小鼠中肿瘤细胞的凋亡，且浓度高会加速凋亡。

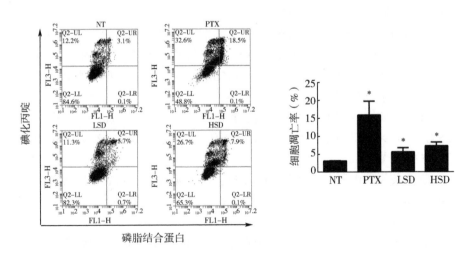

图 7-10　神秘果叶诱导肿瘤细胞的凋亡

鉴定乳腺癌的生物标志物并分析神秘果叶提取物对 MCF-7 异种移植物代谢的影响，可利用气相色谱—质谱（GC-MS）的代谢组学方法来鉴定和定量各组血清中的代谢物。总共鉴定并定量出 257 种代谢物。PCA 和 OPLS-DA 得分显示 NC 组和 NT 组之间存在明显的分离，具有良好的稳定性。基于单变量和多变量统计方法（$P<0.05$，VIP> 1），鉴定出 79 个差异显著的代谢产物（DEM）。在这些 DEM 中，琥珀酸和 6-磷酸葡萄糖可能是乳腺癌的潜在生物标志物。在 MCF-7 异种移植模型组的 42 种上调代谢产物中，途径包括乙醛酸和二羧酸代谢，TCA 循环，丙氨酸—天冬氨酸和谷氨酸代谢，色氨酸代谢，嘌呤代谢，丙酸酯代谢，谷胱甘肽代谢，丁酸代谢，半乳糖代谢和苯丙氨酸代谢；37 种下调表达，途径包括不饱和脂肪酸的生物合成和类固醇的生物合成途径。

在 PTX、LSD 和 HSD 中分别鉴定出 70 个、101 个和 96 个显著的 DEM（$P<0.05$，VIP> 1）。与 NT 组相比，治疗组中共有 30 种代谢物通常发生变化。其中，在治疗组中，半胱氨酸—甘氨酸和正缬氨酸的上调最高，而在治疗组中，抗坏血酸和 d-赤型—神经鞘氨醇是下调水平最大的两个 DEM。进行 KEGG 富集分析后，以确定每个治疗组代谢途径的变化。治疗组通过 9 个途径进行调控，包括 TCA 循环，精氨酸和脯氨酸代谢，乙醛酸和二羧酸代谢，苯丙氨酸代谢，丙氨酸—天冬氨酸和谷氨酸代谢，Ⅱ型糖尿病，丁酸代谢，泛酸和 CoA 生物合成，以及嘧啶代谢，主要是不饱和脂肪酸的生物合成和嘌呤代谢。

神秘果叶抑制肿瘤作用主要是通过不饱和脂肪酸的生物合成和嘌呤代谢两个代谢途径实现。

一是不饱和脂肪酸的生物合成途径。与空白对照相比，NT 组 n-6 家族脂肪酸（棕榈酸和硬脂酸）表达下调，说明癌症引起了 n-6 家族脂肪酸合成抑制；与 NT 组相比，治疗组的单不饱和脂肪酸（油酸）升高，但 n-9 和 n-10 家族脂肪酸显著下调。总体而言，神秘果叶是通过恢复或者更进一步激活不饱和脂肪酸代谢来实现抗肿瘤效用的。

二是嘌呤代谢途径。主要是通过黄嘌呤代谢实现。肌苷单磷酸（IMP）可与黄嘌呤互变，被催化成尿酸，治疗组通过干预 IMP 转化为肌苷，抑制尿酸的产生，促进黄嘌呤的积累，实现抑制乳腺癌增殖的作用。

第五节　神秘果美白活性

目前，神秘果被广泛开采并用于化妆品领域，它不仅有抗衰老功效，同时还具有一定的美白功效。

一、复方神秘果叶提取物的制备

将复方神秘果叶提取物与药食同源的多种原料制成，原料包括以下重量百分比的组分：神秘果叶 40%~50%，樱花 8%~15%，茯苓 5%~10%，白蒺藜 5%~10%，灵芝 5%~10%，当归 10%~15%，甘草 5%~10%。

复方神秘果叶提取物的制备方法如下。

（1）按照重量百分比准备原料，添加酶溶液处理，并进行负压空化提取，提取时温度为 18~60℃，提取压力为 -0.07~-0.04 MPa，酶溶液（纤维素酶或果胶酶至少一种）与神秘果叶重量比为（0.2~1）∶100，得到神秘果叶提取液，神秘果叶提取液浓缩后分离，收集洗脱液。

（2）将洗脱液经过加压浓缩，灭菌后得到神秘果浓缩液。

（3）将其余原料中的樱花、茯苓、白蒺藜、灵芝、当归、甘草洗净后烘干粉碎，混合得到混合粉末。

（4）将混合粉末和 60%~96% 的乙醇组成的溶剂按照 1∶（20~30）的重量比混合，在 48~65℃ 超声提取 2 h，得到混合提取液。

（5）混合提取液经过多级过滤后浓缩、灭菌得到混合浓缩液。

（6）将混合浓缩液和神秘果叶浓缩液按比例混合，得到复方神秘果叶提取物。

二、复方神秘果叶提取物美白作用

采用制备的复方神秘果叶提取物对斑马鱼进行色素抑制试验和色素恢复分析。

（一）色素抑制

斑马鱼正常发育会形成黑色斑点，在斑马鱼胚胎发育初期（9 hpf，hpf 为受精后时间，以小时计算）加入复方神秘果叶提取物，将斑马鱼胚胎养在含有复方神秘果叶提取物的水里（即通过体内模型试验验证）。

复方神秘果叶提取物以药食同源的多种原料制成，原料包括以下重量百分比的组分：神秘果叶 40%~50%，樱花 8%~15%，茯苓 5%~10%，白藜芦 5%~10%，灵芝 5%~10%，当归 10%~15%，甘草 5%~10%。试验中采取 5 种不同原料比例的复方，分别以复方 1 至复方 5 表示。

各复方神秘果叶提取物添加量为 10 μg/mL、25 μg/mL、50 μg/mL、空白对照。48 hpf 时去除复方神秘果提取物的处理，采用解剖立体显微镜对各组斑马鱼进行视觉观察和图像采集，如图 7-11 所示，并使用基于图像的形态计量分析进行定量图像分析，结果表明斑马鱼胚胎发育过程中的黑色素合成会受到抑制，黑色减弱。单个试验共分为 4 组，每组 30 条斑马鱼胚胎为一组，黑色素抑制率平均值如表 7-8 所示。

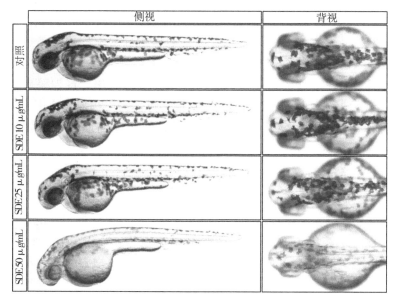

图 7-11 神秘果叶抑制斑马鱼色素生成的影响

表 7-8 不同复方比例神秘果叶提取物对黑色素抑制率影响

复方	不同添加量神秘果叶提取物对黑色素抑制率（%）			
	空白对照	10 μg/mL	25 μg/mL	50 μg/mL
复方 1	0.00	2.49	5.48	26.69

（续表）

复方	不同添加量神秘果叶提取物对黑色素抑制率（%）			
	空白对照	10 μg/mL	25 μg/mL	50 μg/mL
复方 2	0.00	3.47	6.43	30.42
复方 3	0.00	3.29	6.14	29.53
复方 4	0.00	1.02	3.08	14.39
复方 5	0.00	1.53	4.17	16.64

上述实验结果表明，各组分按照君臣佐使的原则，神秘果叶起主导作用，选择药食同源的樱花、茯苓、白蒺藜、灵芝、当归几种组分相互辅佐，增强药效。神秘果叶也可以单独使用作为美白成分加入化妆品或保健品（保健饮品等）中。将神秘果叶与其他多组分复配后，比单独使用神秘果叶的黑色素抑制率更高，且不同比例的复配后，黑色素抑制率明显不同，适当调配各组分之间的比例可以增强其协同作用。将神秘果叶及樱花、茯苓、白蒺藜、灵芝、当归进行复配，可作为美白成分应用于化妆品或保健品（保健饮品等）中，各药用成分的相互辅助，美白效果更加显著。

（二）色素恢复

同样，在斑马鱼胚胎发育初期（9 hpf）就加入分别加入 5 种复方的神秘果叶提取物，将斑马鱼胚胎养在含有复方神秘果叶提取物的水里，抑制黑色素合成。复方神秘果叶提取物添加量为 10 μg/mL、25 μg/mL、50 μg/mL，处理值 48 hpf 后，将复方神秘果叶提取物去除，在不含提取物的培养水中恢复 24 h。黑色素相对含量结果平均值如表 7-9 所示，其中，对照组以 100.00% 计。

表 7-9　不同复方比例神秘果叶提取物对黑色素的恢复

复方	不同添加量神秘果叶提取物对黑色素的恢复（%）			
	空白对照	10 μg/mL	25 μg/mL	50 μg/mL
复方 1	100.00	98.72	96.83	92.18
复方 2	100.00	98.45	95.74	91.57
复方 3	100.00	98.61	96.59	92.05

（续表）

复方	不同添加量神秘果叶提取物对黑色素的恢复（%）			
	空白对照	10 μg/mL	25 μg/mL	50 μg/mL
复方4	100.00	99.91	97.52	96.24
复方5	100.00	99.89	97.36	96.10

斑马鱼的黑色素均快速恢复甚至基本达到未添加神秘果提取物的水平（图7-12）。可见，神秘果叶提取物在具有美白作用的化妆品或内服保健品中应用前景广阔。

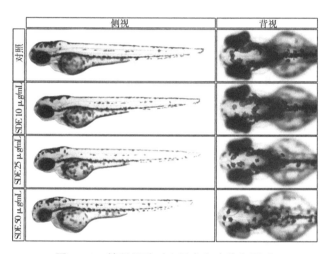

图7-12 神秘果叶对斑马鱼色素恢复影响

第六节 其他功能活性

一、抗菌活性

神秘果的抗菌活性除了其多酚提取物具有一定抗菌活性以外，主要是因为其叶中的挥发性物质。用水蒸气蒸馏的方法提取神秘果叶中的挥发油，以氨苄西林作为阳性对照。结果发现，神秘果叶挥发油对于绿脓杆菌没有明显抑制作用，而对枯草芽孢杆菌、金黄色葡萄球菌、白色葡萄球菌、蜡质芽孢杆菌、四联球菌、藤黄八叠球菌及大肠杆菌具有明显的抑制作用。

二、抗疲劳活性

疲劳是指体力或脑力活动达到一定强度时所发生的生理现象，20 世纪 80 年代召开的国际运动生化会议将疲劳定义为：机体生理过程不能使其机能持续在一特定水平上，或不能维持预定的运动强度。疲劳的发生一般伴随着代谢产物、能量物质、抗氧化系统酶类、细胞代谢调节酶等的变化，导致机体内环境平衡被打破从而引起机体不适感。疲劳的产生与恢复、饮茶抗疲劳、中医药抗疲劳等具有中国特色的研究方向也逐渐成为热点。研究多以小鼠负重游泳时长、血尿素氮、血乳酸、过氧化氢酶（CAT）、超氧化物歧化酶、丙二醛和肝糖原含量等方面作为指标，综合评价抗疲劳活性。有研究表明，神秘果叶总黄酮对抗疲劳有积极作用。其中，血尿素是人体蛋白质代谢的评价指标，而血尿酸氮的含量是直接影响血尿酸的，不同剂量的神秘果提取物对于小鼠运动负荷量有所提高，且恢复效果较好。乳酸是机体供能环节中重要的中间产物，是引起疲劳的主要原因之一；肝糖原直接影响着运动能力和持久时间，若是无法正常补充，就容易产生疲劳。不同剂量神秘果提取物处理的小鼠的乳酸含量都低于对照，可能是神秘果叶总黄酮对维持肝糖原具有重要的作用，这个可能是因为神秘果叶总黄酮能够调节某些激素水平，节约了能耗。过氧化氢酶、黄嘌呤氧化酶（SOD）和丙二醛（MDA）的含量高低都是从氧化应激与疲劳之间的关系提出的。CAT 能有效清除 H_2O_2 自由基，SOD 能有效清除超氧自由基，而 MDA 的含量是衡量体内自由基多少的重要指标。经过神秘果处理的小鼠体内 CAT 和 SOD 含量明显增多，MDA 含量明显降低，表明了神秘果叶总黄酮具有很好的清除自由基能力，从而改善了疲劳度。

三、神秘果抗阿尔茨海默病活性

阿尔茨海默病（Alzheimer disease, AD），又叫老年性痴呆，是一种中枢神经系统变性病，起病隐袭，病程呈慢性进行性，是老年期痴呆最常见的一种类型。主要表现为渐进性记忆障碍、认知功能障碍、人格改变及语言障碍等神经精神症状，严重影响社交、职业与生活功能。阿尔茨海默病的病因及发病机制尚未阐明，其特征是 β 淀粉样蛋白错误折叠和聚集成原纤维，以及神经元丢失伴胶质细胞增生等。这会产生严重的细胞毒性，导致记忆和认知的进行性损伤。由于阿尔茨海默病已成为日益严重的公共卫生问题，但阿尔茨海默病的病因及发病机制未明，目前尚无特效疗法，以对症治疗为主。使用的药物主要有胆碱、卵磷脂、毒扁豆碱和胆碱能动剂等，但这些药物效果相差迥异，还会产生恶心、呕吐、转氨酶升高、灶性杆细胞坏死及抑郁等副作用。秀丽隐杆线虫的麻痹抑制作用一定程度上可以反映该被试物的抗阿尔茨海默病的效用。

　　有研究表明 0.02 mg/mL 的神秘果叶提取物可以抑制 CL4176 秀丽隐杆线虫的麻痹。然而，当浓度降低到 0.002 mg/mL 和 0.000 2 mg/mL 时，神秘果叶提取物没有显示出抑制作用（图7-13）。神秘果叶提取物中富含多酚类和黄酮类化合物，多酚可预防阿尔茨海默病中 β 淀粉样蛋白的毒性，因为它们具有抗氧化特性，如直接清除自由基活性、诱导抗氧化酶或螯合过渡金属离子。另外，黄酮类物质减缓了人神经母细胞瘤细胞中淀粉样前蛋白的成熟，进一步能够显著地降低阿尔茨海默病模型中 β 淀粉样蛋白的比例，从而减少阿尔茨海默病的发生。因此，神秘果提取物在抗阿尔茨海默病药物的研发方面有一定的潜力。

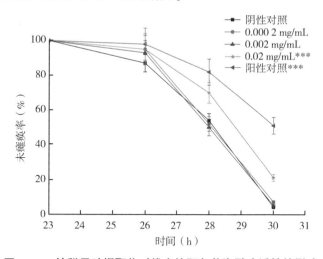

图 7-13　神秘果叶提取物对线虫抗阿尔茨海默病活性的影响

四、抗惊厥功能

有研究使用戊四唑、士的宁及最大电休克 3 种方法诱发小鼠发生惊厥，一定时间后给小鼠服用神秘果的水提取物，发现神秘果的水提取物可以使由戊四唑和士的宁引发的惊厥小鼠死亡率下降 33.33 %，使由最大电休克引发的惊厥小鼠的恢复时间缩短。

五、免疫作用

通过碳粒廓清实验（碳粒廓清实验可以根据血液中廓清碳粒的速度来判断巨噬细胞的吞噬能力，从而反映单核细胞吞噬功能，吞噬功能则可以反映机体的非特异性免疫功能）发现以神秘果为主要成分组成的混合果粉可以提高小鼠单核巨噬细胞系统吞噬异物能力，说明神秘果在一定程度上可增强小鼠的免疫功能。

第八章　神秘果加工实用技术

第一节　神秘果果实去核技术

一、现有的核果去核技术

中国从 20 世纪 80 年代后期着手对去核机进行研制，并陆续推出一些产品。但真正在生产中推广应用的并不多。在众多的果品加工厂中，去核作业至今基本上仍靠手工或十分简陋的工具完成。去核作业是一项十分重要的前处理工序。以往所采用人工作业，不仅占用大量劳动力、劳动强度大、生产率低，并且产品质量难以控制。因此，实行水果去核的机械化作业是水果加工业中必然的发展趋势。

国内研制的核果水果去核机具，按其结构特点和工作部件的不同，大体可分为剖分式、对辊式和捅杆式等几大类。

（一）剖分式去核机

对于体积较大的核果类水果（如桃、杏、李等）的去核，常采用部分分割式去核机，它主要是采用剖分刀把水果分成两半，再通过振动筛或手工辅助脱核。

（二）对辊式去核机

此类去核机适用于果肉与果核易分离的核果类水果。果品由推压装置被送入两辊子之间，在两辊子挤压下，大部分果肉被挤入不锈钢齿辊中的齿间间隙中，果核则使橡胶辊子的表面胶层变形并凹入其中。再经两辊子下方的核肉分离调节装置使核肉分离，分离后的果核在橡胶层弹性作用下脱离橡胶辊子落入果核收集装置，而果肉则由类似梳子式的回收装置将嵌在齿盘间的果肉梳出，流入果肉收集斗中，从而达到核果自动分离。

（三）捅杆式去核机

捅杆式去核机是通过粗细与果核基本相同的捅杆把果核捅出。捅杆式去核机适用于大小一致、核易脱离的水果去核作业，果肉完整性较好。它由上刀、下刀、果模以及传动装置等组成。工作时要靠人工把核果放入果模，由专门机械推动果模进入或退出工作状态，当果模进入到工作位置时，去核机的上下刀几乎同时切入果肉中，下刀在花萼处切入一定深度后即自行落下，上刀则继续下行，直到把果核从圆形切口中捅出，捅出物一般为灯笼状。

（四）打浆式去核机

打浆式去核机仅适用于果核坚硬而不易击碎的核果去核作业。但果肉经打浆后粉碎率极大，只能用于果汁、饮品等的生产。

（五）刮板式去核机

该机主要由螺旋输送器、网筛、带齿刮板、搓板等构成。果料等由进料口经螺旋输送器进入筛网。利用刮板的转动作用和螺旋输送器作用，使果品沿着圆筒筛向出口端移动，其轨迹为一螺旋线。而果肉在刮板、圆筒筛网和搓板之间的移动过程中受离心力和摩擦力作用而变成小碎块，穿过筛网孔落入果肉收集斗，果核则从圆筒另一端出口排出，以达到果肉分离的目的。

二、国内外神秘果果核去核技术研究现状

可通过一种人工神秘果去核作业方法来获得神秘果样品。取新鲜成熟神秘果，用自来水洗净，纱布包好，反复揉搓，待基本无汁液挤出时，分选出果皮、果核，得果汁液。果渣加入蒸馏水，继续反复揉搓，得果汁液。合并两次果汁液，打浆，采用旋转蒸发仪在真空度下浓缩至较为黏稠时为止，取出，冷却，称重，得神秘果浓缩汁样品。

在提取神秘果素等功能成分前，首先要将神秘果去核，该技术是将采摘的新鲜神秘果除去叶梗，在 4 h 内用无菌水清洗干净、沥干水分，放入冰箱-18℃冻藏。将冻藏的神秘果果实放入搅拌机内，然后加入果实质量 3~6 倍的 1~4℃无菌水，搅拌至果肉与核脱离，整个过程在 10 min 内完成。搅拌后的混合物在温度为 4℃、离心力为 8 000 g 的条件下离心 20~30 min。上清液为果汁清液，用 5~10 倍 1~4℃无菌水冲洗沉淀物，抽滤

得到的滤渣为果肉浆。

第二节 神秘果果皮花青素提取技术

花青素又称花色素或花色苷，是一类广泛存在于植物中的水溶性天然色素，多以糖苷的形式存在。花青素具有一定营养和药理作用，在食品、化妆品、医药领域有着巨大应用潜力，是替代合成色素的理想材料。

一、花青素的提取方法

（一）溶剂法提取

花青素具有较强的极性，因此传统方法中大都采用溶剂法提取。常用的溶剂主要有 3 类：水、亲水性有机溶剂（甲醇、乙醇和丙酮等）和亲脂性有机溶剂（石油醚、苯、三氯甲烷、乙醚、乙酸乙酯和二氯化烷等）。为防止花素的降解并提高花青素的溶出率，常在溶剂中加少量的无机酸（盐酸、硫酸、亚硫酸和碳酸等）或有机酸（甲酸、醋酸、柠檬酸和酒石酸等），使提取液的 pH 值控制在 3.5 以下。

（二）酶法提取

通过酶解可以使植物细胞壁软化、膨胀及降解，从而促进花青素的溶出。用于花青素提取的酶主要有纤维素酶和果胶酶。此法可以大大缩短花青素提取时间，提高得率。

（三）发酵法提取

发酵法弥补了传统提取方法花青素提取率不高、纯化难度大、原料利用率不高等缺陷。其利用微生物破坏细胞壁和细胞膜，促进花青素的溶出，提高提取率。通过发酵分解色素液中的糖、有机酸和其他杂质，大大降低了色素的纯化难度。此外，微生物还可以利用色素提取留下的残渣，发酵生产酒精等副产物，提高了原料的利用率，降低了工业化生产的成本。

（四）超临界 CO_2 提取

超临界 CO_2 提取技术是食品工业中新兴的一项提取和分离技术，它利用超临界 CO_2 作萃取剂，从液体或固体物料中萃取、分离有效成分。利用

超临界 CO_2 提取法可以有效替代传统有机酸溶剂提取花青素的方法。同时，CO_2 安全无毒、廉价易得，所得产品容易与溶剂分离，无溶剂残留问题。而且超临界 CO_2 流体的萃取温度仅稍高于常温，有利于热敏性物质的萃取。

（五）其他辅助提取方法

花青素存在于植物的细胞液中，被细胞壁、细胞膜包裹，为提高色素得率，常采用超声波、微波、脉冲电场及高压水法等技术破坏细胞壁和细胞膜，提高组织细胞的渗透性，缩短提取时间。

二、花青素的分离纯化

经过提取的花青素粗品中往往含有很多有机酸、糖等杂质，产品质量稳定性差、纯度不高。为了提高产品的色价和稳定性，需要对提取物进一步纯化。花青素的分离纯化方法是花青素领域的研究重点，目前报道的主要方法有纸层析、薄板层析、柱层析、膜分离、液相色谱等。

（一）纸层析

花青素传统纯化方法是纸层析法，该方法具有快速、设备简单等优点。常用的展开剂有丁醇、乙酸、水、盐酸等，可采用单向或者双向、上行或者下行方式进行展开，展开后剪下色斑，以酸化甲（乙）醇洗涤、浓缩，即可得到样品。

（二）薄层层析

薄层色谱也是分离花青素的一种传统而重要的手段之一，固定相一般选用硅胶、氧化铝、聚酰胺或纤维素等。

（三）柱层析

花青素的分离纯化多选择各种树脂来去除提取物中糖、有机酸、矿物质及其他水溶性杂质。早期分离花青素的填料多采用氧化铝、甲醛酚醛树脂、聚酰胺、聚乙烯吡咯烷酮（PVP）等，如今应用比较多的有吸附层析、离子交换树脂层析、凝胶柱层析、大孔树脂层析。

（四）膜分离

膜分离技术是使用具有选择透过性的膜为分离介质，当膜两侧存在某种推动力（如压力差、浓度差、电位差等）时，物料依据滤膜孔径的大小而通过或被截留，选择性地透过膜，达到分离提纯的目的。花青素提取中常用的膜分离技术有超滤（UF）、反渗透（RO）、电渗析（ED）等。膜分离纯化的花青素色价和透明度高，稳定性好，容易实现连续化生产，生产过程劳动强度低，流程简单，但对设备要求高，纯化成本高，提取效率低。

（五）液相色谱

目前液相色谱分离技术已在花青素纯化方面得到越来越广泛的开发和应用，已成为分离纯化花青素的一种重要方法。2005 年，有研究采用分析高效液相色谱和制备高效液相色谱从两种浆果中分离鉴定得到两种相同的花青素。

（六）高速逆流色谱分离法

高速逆流色谱是一种较新型的液—液分配色谱。2003 年，应用此技术分别从紫玉米、接骨木果汁、红葡萄酒、黑莓中分离得到了各种单体花青素。此技术可以用来大批量分离制备花青素，以解决当前对花青素需求量大的难题。

三、神秘果果皮花青素提取工艺

随着人们生活水平的提高，人们对食品安全越来越重视，合成色素因其廉价、稳定，在食品工业中被广泛使用，但如果长期过量食用会危害人体健康。而天然色素具有抗氧化、抗肿瘤、降血糖、降血脂等生物活性，在慢性病的预防等方面起着重要作用。因此，天然色素代替人工合成色素是必然的发展趋势。神秘果成熟果皮呈鲜红色，富含花青素，是开发天然色素的良好原料。目前对神秘果果皮中花青素的开发利用还鲜见研究报道。

（一）工艺流程

神秘果果皮→研磨→酸性乙醇水浴提取（残渣再次提取）→离心→合并上清液→浓缩、冷冻干燥→神秘果色素。

（二）操作要点

将神秘果果皮用液氮冷冻后研磨成粉末；向所得神秘果果皮粉末中，按 1∶（10~15）（g/mL）的固液比加入提取剂；混匀后置于水浴中提取；离心分离得到第一上清液和色素提取残渣；按 1：（10～15）（g/mL）的固液比向该色素提取残渣中加入提取剂，混匀后再次置于上述水浴中提取，再次离心得到第二上清液；合并第一上清液和第二上清液，并经浓缩、冷冻干燥得到神秘果果皮色素粉末。提取方法工艺简单，成本低廉，更好地保留了色素的新鲜色泽，适用于规模化生产，所得的色素可进一步作为天然色素使用，具有广泛的应用前景。

提取剂应使用浓度为 80%～95%，pH 值为 0.5～2.0 的酸性乙醇水溶液。该酸性乙醇水溶液的 pH 值通过向乙醇水溶液中添加柠檬酸或盐酸来调节。当 pH 值大于 3 时，神秘果果皮中色素的主要成分花色苷会出现离子结构形式和颜色的改变，从红色的黄烊盐阳离子变成无色的假碱和蓝色的醌式碱，从而影响提取所得色素的颜色。而在加热的酸性条件下（pH 值 2～4），花青素会发生降解反应，生成无色的查耳酮，进一步降解生成苯甲酸、苯甲醛等衍生物，失去原有红色，变为褐色聚合物。因此所用酸性乙醇提取溶液的 pH 值小于 2。

另外，可以基于均匀设计的方法提取花青素，在用 60% 乙醇和 0.1% HCl 的提取条件下，温度对神秘果果皮花青素的提取有促进作用，提取率随温度的升高而增大；但温度过高，如大于 50℃ 时，会导致一部分原花青素氧化变性，得率反而下降。因此，提取操作应选择在 50℃ 以下进行。由于原花青素对热敏感，时间过长会造成其氧化变性，因此提取花青素的最佳提取时间为 1.0 h。

（三）神秘果色素工业化提取及色素粉生产设备

在经过色素提取操作后，再用提取的色素制作色素粉，在对神秘果进行色素提取时，需要添加提取剂进行提取，但是添加提取剂的流量不便于控制，从而影响了提取的效率。为了解决现有技术中存在的问题，提出一种新型神秘果色素提取及色素粉生产设备线（图 8-1）。包括提取罐、顶槽、密封板、第一孔、贴板、第二孔、横杆、平移板、转槽、转轴、螺孔、竖孔、竖板、齿轮、齿条、滑槽、滑板、斜杆、水平板、限位孔、限位板和限位槽部分，相互配合，通过加料孔向提取罐内添加粉碎后的神秘果，然后，通过加液孔将提取剂加入到顶槽内，当需要调节提取剂的流量大小时，首先拉动挡板，使得限位板与限位槽相脱离；推动水平板，带动贴板进行移动，贴板带动第二孔进行移动，通过改变第二孔与第一孔相连通位置的大小来对提取剂的流量大小进行调节，提高提取的效率，调节完成后，推动挡板，使得限位板卡入与其位于同一竖直轴线上的限位槽内，对贴板的位置进行固定。主要通过改变第二孔与第一孔相连通位置的大小来对提取剂的流量大小进行调节，提高提取的效率。

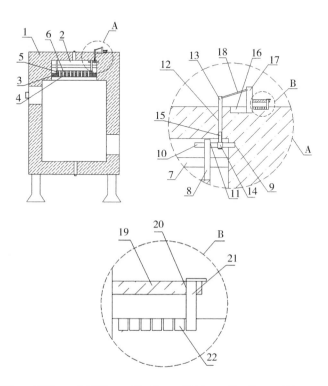

1-提取罐　2-顶槽　3-密封板　4-第一孔　5-贴板　6-第二孔　7-横杆　8-平移板
9-转槽　10-转轴　11-螺孔　12-竖孔　13-竖板　14-齿轮　15-齿条　16-滑槽
17-滑板　18-斜杆　19-水平板　20-限位孔　21-限位板　22-限位槽

图 8-1　神秘果色素提取及色素粉生产设备

四、神秘果果皮花青素纯化工艺

通过纸层析法和光谱分析分离、纯化出神秘果的花青素和黄酮醇色素。神秘果的红色色素（花青素）和黄色色素（黄酮醇）是从冷冻果皮或果实用 1.5 mol/L 盐酸/乙醇提取，然后浓缩而成。据测定，每 100 g 鲜果可分离出 14.3 mg 花青素和 7.2 mg 黄酮醇，含水率为 78%。

用离子交换法从神秘果果皮中提纯，浓缩提取的花青素色素，加到汽水和姜汁汽水等充气饮料中可呈橘红色。

五、神秘果花青素的储存装置

现有神秘果花青素的储存装置不方便调节存储环境，导致神秘果花青素容易被消耗，且不方便移动，降低了使用体验。为了解决这些问题，提出了一种神秘果花青素的储存装置（图8-2）。该装置能够通过酸碱溶液的流入量控制混合溶液的pH值，方便控制混合溶液的温度和控制存储箱内的存储环境，有利于神秘果花青素的存储，方便移动，且具有减震功能，减小了装置的损耗。

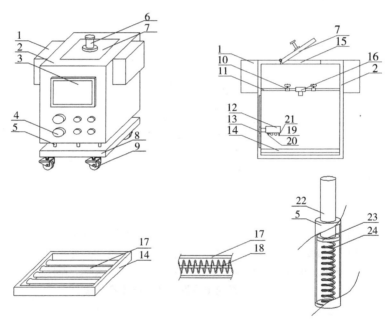

1-溶液箱　2-存储箱　3-控制面板　4-按钮　5-固定杆　6-把手　7-盖板　8-底板
9-万向轮　10-电动阀门　11-连接管　12-检测箱　13-"T"形滑块　14-固定板
15-第一开口　16-三通阀　17-玻璃管　18-电热丝　19-pH值传感器
20-温度传感器　21-漂浮球　22-移动杆　23-移动板　24-弹簧

图8-2　神秘果花青素的储存装置结构

使用时，通过pH值传感器和温度传感器对存储箱内的混合溶液进行检测，通过漂浮球保证检测箱漂浮在混合溶液的上端，避免了溶液腐蚀传感器较脆弱的部分，延长了检测装置的使用寿命；通过控制面板和按钮控制两个电动阀门，方便控制酸性溶液和碱性溶液的流入量，便于调节混合溶液的 pH 值；通过控制电热丝来控制溶液的温度，以控制存储箱内的存储环境，有利于神秘果花青素的存储；万向轮方便移动，移动时通过弹簧、移动板和移动杆之间的配合对存储箱进行减震，防止存储装置因震动剧烈受损，延长了使用寿命。

第三节　神秘果蛋白质提取技术

一、植物蛋白提取及分离纯化方法

一般蛋白质的分离纯化可以按溶解度不同进行初步的分离，如采用无机盐［最常用（NH)$_2$SO$_4$］或有机溶剂（如丙酮、乙醇等）沉淀；按分子大小的不同进行分离，如采用各种类型的分子筛（Sephadex 葡聚糖凝胶、Bio-gel 生物凝胶）、SDS（十二烷基硫酸钠）凝胶电泳、不同孔径的透析袋或超滤膜；按电荷性质不同进行分离纯化，如采用各种类型的离子交换树脂和等电聚焦等方法；根据生物活性的不同进行分离，如采用亲和层析；也可以用结晶法、高效液相色谱等方法进一步纯化。若想提高蛋白的纯度，一般将以上几种方法联合使用。对于一般生物样品来说，蛋白质的分离是比较困难的，因为它们的浓度范围较大而且不均匀。

磁性颗粒具有良好的生物相容性和超顺磁特性，其表面可以通过改性附加多种活性官能团，在蛋白质吸附和亲和力的相互作用中起重要作用。外部磁场很容易地从样品中分离蛋白质，无需离心分离或过滤的复杂过程，因此，在目标分子的快速和选择性分离上具有一定优势。双水相系统（ATPS）是由不同的水溶性聚合物，或一种单一的聚合物和特定盐的水溶液混合物组成。因为双水相中的两相含有水超过 70%，可用于蛋白质和其他生物分子的分离纯化。双水相萃取，一般用 PEG/盐体系进行选择性分离和富集生物分子，这个方法简单、快捷、方便、成本低。

二、神秘果蛋白质的研究现状

近年来，对神秘果植物的研究获得了较大的成果，早期的探究热点主要集中在神秘果蛋白质的结构、功能及其在转基因植物的表达上，对神秘果蛋白质的提取方法研究较少。

利用磁性阳离子吸附树脂与双水相体系联用方法可以对神秘果蛋白质进行提取、分离和纯化。从 25 g 的新鲜神秘果果肉中可获得 30 mg 的神秘果蛋白质。可通过构建羧基改性粒子吸附神秘果蛋白质，而溶液 pH 值、离子强度和吸附速率对该吸附粒子体系有不同程度的影响，并且提取纯化过程中双水相的组成、溶液 pH 值和氯化钠质量分数对该体系萃取神秘果蛋白效果也有影响。

（一）pH 值的影响

在吸附过程中，溶液的 pH 值是直接影响羧基的离解度和蛋白质带电性质的重要因素之一。当溶液的 pH 值为 6.0~9.5 时，羧基改性磁性颗粒对神秘果蛋白质有吸附作用（神秘果素的等电点约为 9）。当溶液的 pH 值低于其等电点时，对蛋白质有一个明显的吸附作用。这些蛋白质的吸附现象与离子交换吸附的静电相互作用机制是一致的。因此，溶液的 pH 值、蛋白质等电点以及羧基改性的磁性颗粒对蛋白质的吸附有至关重要的作用。裸露的 Fe_3O_4 呈现出较弱的非特异性吸附，由于几个羧基存在于它的表面，其吸附能力随 pH 值增大而变小。

（二）离子强度的影响

离子强度对神秘果蛋白质的吸附量的影响表现在：当氯化钠浓度高于 0.1 mol/L 时，磁性粒子吸附力降低较慢；在氯化钠浓度为 0.2 mol/L 时，磁性粒子对神秘果蛋白质的吸附量迅速降低到 7%；当氯化钠浓度高于 0.4 mol/L 时，几乎不吸附，其原因是该离子强度破坏了蛋白质与 –COO– 之间的静电相互作用。因此，磁性颗粒对蛋白质的吸附受含氯化钠浓度和溶液离子强度的影响较为显著。同样地，裸露的纳米 Fe_3O_4 对神秘果蛋白质的吸附能力并没有随着离子强度的增加而发生明显变化。

（三）吸附速率

根据动力学对磁性粒子在分离蛋白质过程中的吸附率进行研究，优化神秘果蛋白质吸附溶液的 pH 值后，磁性粒子的吸附能力迅速增加，蛋白质的吸附量达到 77%。时间越长吸附速率减慢，并最终在 20 min 达到吸附平衡。因此，此方法适合于该蛋白质的快速分离。

（四）双水相的组成及萃取影响因素的分析

当硫酸铵溶液浓度大于8.0%时，由于盐析效应使得神秘果蛋白质的分配系数Kp开始下降（表8-1）。因此，选定萃取神秘果蛋白质的最佳硫酸铵溶液的质量分数为8.0%。

表8-1　（NH_4）$_2SO_4$质量分数对神秘果蛋白质萃取量的影响

（NH_4）$_2SO_4$质量分数（%）	R	Kp
6.0	1.24	1.24
7.0	1.33	1.33
8.0	1.46	1.46
9.0	1.45	1.45
10.0	1.31	1.31

当硫酸铵溶液的质量分数为8%时，随着聚乙二醇质量分数的增加，相比R逐渐增大，而分配系数Kp则呈现出先增大后减小的趋势（表8-2）。因此，选定萃取神秘果蛋白质的最佳聚乙二醇溶液的质量分数为16.0%。

表8-2　聚乙二醇4000质量分数对萃取的影响

聚乙二醇4000质量分数（%）	R	Kp
10.0	10.0	1.198 7
13.0	13.0	1.333 3
16.0	16.0	1.461 5
19.0	19.0	1.221 5
22.0	22.0	1.165 5

pH值对相比R的波动幅度不大，分配系数Kp则呈现出先增加后减小的趋势，当pH值为4.90时，分配系数达到最大值1.26（表8-3）。因此，以pH值为4.90最好。

表 8-3　pH 值对萃取的影响

pH 值	R	Kp
4.09	0.98	1.18
4.90	0.95	1.26
7.22	0.95	1.22
7.95	0.98	1.17
8.92	0.98	1.26

该萃取体系随 NaCl 溶液质量分数的增加，相比 R 减小，在 NaCl 溶液的质量分数为 2% 时，神秘果蛋白质分配系数 Kp 达到最大（表 8-4），因 NaCl 对神秘果蛋白质的分配系数的增长并不明显，故该体系不添加 NaCl。

表 8-4　NaCl 质量分数对神秘果蛋白萃取的影响

NaCl 质量分数（%）	R	Kp
0.0	0.81	1.46
2.0	0.78	1.53
4.0	0.69	1.29
6.0	0.72	1.22
8.0	0.76	1.12

神秘果种子中的蛋白质提取通常是在神秘果种子粉中加入石油醚或环己烷搅拌脱去其油脂部分，抽滤分离。去除神秘果种子粉的油脂后，用磷酸盐缓冲溶液提取神秘果种子中的蛋白质，并加入少量的巯基乙醇和氯化钠，以防止蛋白质变性并有利于蛋白质的溶解。结果发现，温度 50℃、pH 值 8.5、固液比 1:20（g/mL）以及时间 120 min 的提取条件下提取率最佳，达 80.3%。以蛋白质提取率为评价指标，各因素的影响顺序为：固液比>温度>pH 值>时间。

第四节　神秘果素提取技术与制备方法

一、神秘果素传统提取及分离纯化方法

神秘果素对环境的要求非常苛刻，在0℃以上和中碱性条件下容易失活。而且神秘果素本身难溶于水，与神秘果体内多种成分紧密相连，增加了其提升难度。由于神秘果素的特殊性质，许多科研工作者早在20世纪60年代就开始从事神秘果素活性成分的提取和分离纯化的工作。目前常用的提取分离纯化的方法有透析法、离心分离法、溶剂沉淀法和色谱法等。

（一）透析法

将冻干果肉于水中搅拌后置于 Cellophane 透析袋中，在600 mL 4℃的水中透析24 h，得到含有活性成分的不溶物。透析法方法简单，但回收率低，仅在研究的早期被人使用过。

（二）离心分离法

由于神秘果素不溶于水，有人利用这一特点，用离心法获得神秘果素。将冻干果肉与水均质后得一黏稠状的半固体，再在5℃下以5 000 r/min的速度离心分离20 min，然后用水冲洗两次后再次离心分离，不溶的浆液冷冻干燥后得到含有活性成分的棕黄色固体，14颗神秘果可得到0.31 g含有活性成分的固体。但这种方法难以得到大量的神秘果素，而且提取物杂质太多。

（三）溶剂沉淀法

神秘果素不溶于水和部分有机溶剂，可用溶剂沉淀法进行分离。1968年，采用pH值10.5的碳酸盐缓冲液从冷冻干燥的神秘果肉中提取出活性成分；经过多年的研究后，在1982年又提出采用不同饱和度的硫酸铵分级沉淀，透析脱盐后再采用柱分离，获取较纯神秘果素的方法，但该操作工艺复杂，活性成分回收率低。将40 g冻干果肉依次采用乙醚、氯仿、乙酸乙酯、无水乙醇和水进行提取，然后离心分离得到较高活性的14.8 g淡黄色粉末，其活性成分浓缩了27倍；该学者又将20.0 g冻干果肉用水搅拌后离心分离，然后依次用含水乙醇、无水乙醇、丙酮、氯仿、n-己烷对沉淀物进行提取，得到5.0 g浓缩物，其活性成分浓缩了40倍。该

方法实验条件要求低，但过程烦琐，且有试剂残留，易引入食品安全问题。

（四）色谱法

色谱法比萃取、离心分离法的分离效果好，且易于自动化。有研究利用离子交换色谱分离得到神秘果素，并表明它是一种碱性糖蛋白。

将神秘果果肉与聚乙烯吡咯烷酮（PVP）一起粉碎后置于碳酸钠缓冲液中搅拌后抽滤，在滤出液中加入 PVP 和 ε-氨基己酸搅拌 30 min 后，用醋酸滴加至 pH 值为 6.0 左右，过滤得粗提物，将其与 CM-30 树脂混合，分别用 pH 值为 6.5 和 7.7 的磷酸钠缓冲液洗脱并收集尖峰处的馏分。再经 QAE-SephadecA-50 树脂填充的色谱柱分离（以 NaCl 和 Na_2CO_3 缓冲液的混合溶液梯度洗脱），用透析和超滤法以 Na_3PO_4 缓冲液替换馏分的溶剂，再经 CM-30 树酯的色谱柱分离，收集出峰时的馏分（即神秘果素液），此方法所得的活性成分占粗提物的 1/5，而每毫克蛋白质的活性提高了 3 倍。用该方法可从每千克果肉中提取 200~250 mg 神秘果素。

此外，根据神秘果素中含有多聚组氨酸残基（易与镍发生强结合）的结构特性，建立了用固化金属亲和层析（Immobilized metal-affinity chromatography）镍柱一步提取的方法，该色谱分离方法获得的神秘果素纯度大于 95%，但该法得率较低，仅限于实验分析分离纯化。

（五）提取方法的联用

也有人将几种方法联用，来提高提取物中神秘果素的纯度和含量。利用碱性介质提取，然后通过硫酸铵分馏和葡聚糖凝胶柱过滤分离出其活性成分，可从每千克神秘果中提取 50 mg 神秘果素，但浓缩物中含有很难除去的有色物质，影响外观。

利用多种方法联用技术从神秘果中提取神秘果素较为复杂，但得率较高。其实验方法如下：将冻干神秘果果肉在水中均质后离心分离，沉淀物用 NaCl 溶液提取 3 次，所得上层清液活性很高，该活性成分的回收率为 97%，浓缩了 54 倍。将硫酸铵固体加入提取所得的清液中至 50% 的饱和度后离心分离，活性成分的回收率为 83%，浓缩了 154 倍。然后将沉淀物置于水中，并用超滤法以 KH_2PO_4-Na_2HPO_4 缓冲液替换水溶剂。再用色谱法分离得到 5 mL 的馏分，回收率为 80%，浓缩了 400 倍。用超滤法以 NaCl 和 KH_2PO_4-Na_2HPO_4 缓冲液的混合液替换溶剂后用甲基-2-D 葡萄糖苷进行梯度洗脱，然后将溶剂用水替换，冷冻干燥后得神秘果素。结果为从 20 g 冻干果肉中得到 36 mg 神秘果素，回收率为 75%，浓缩了 417 倍。该方法提取出的神秘果素为无色，高效液相色谱（HPLC）分析为单一的峰，说明提取的神秘果素纯度较高。

利用含盐的酸性缓冲液作为水不溶性神秘果果浆的提取液，而后采用高压脉冲电场进行辅助提取，然后采用膜通量为 10 000 Da 的超滤膜对得到的神秘果素粗提液进行脱盐、浓缩，冷冻干燥处理，获得神秘果素产品，极大地提高了神秘果素的提取效率，且抑制提取物颜色的加深。

利用等电点聚焦法分离神秘果素，分离出的神秘果素分子量为 40 000~48 000，与其他方法相比基本一致。

二、神秘果素新型制备方法

神秘果素的独特功能越来越受到人们的重视，虽然现在已经能够从神秘果中提取到神秘果素。但是神秘果果实小、产量低、资源非常有限，提取过程非常烦琐，且提取的神秘果素含量不高，总是伴随有其他的杂质存在。因此，探寻其他方法制备神秘果素，利用基因工程技术在转基因植物或者微生物上进行表达，在外源宿主上表达重组神秘果素（Recombinant miraculin，rMIR）便成为了当前研究者们关注的热点，开辟了神秘果素研究与应用的新途径。

（一）通过基因工程从微生物的表达制备神秘果素

目前，在大肠杆菌上可表达重组神秘果素的二聚体，然而其活性只相当于天然神秘果素（Nature miraculin，nMIR）的 1/6。不过这个研究结果证明了糖基化对神秘果素的蛋白质折叠或稳定性起着至关重要的作用。将神秘果素基因导入米曲霉中，获得的 rMIR 与 nMIR 在二级结构和功能活性上保持一致。此外，有其他研究表明在优化密码子选择和信号序列后，成功地在啤酒酵母上获得了表达，然而从米曲霉和啤酒酵母上获得的rMIR，其活性仅相当于 nMIR 的 1/5。值得庆幸的是，有关研究成果证明不仅糖基化对神秘果素的活性和稳定性起着决定性的作用，糖链的类型也是极其重要的影响因素。

（二）通过基因工程从转基因植物中制备神秘果素

在生菜中将 rMIR 表达成功，获得的 rMIR 含量为 43.5 μg/g FW，其

rMIR 的变味活性与 nMIR 相当。利用免疫印迹法和酶联免疫分析试验证实了在转基因番茄中，rMIR 能够高水平地稳定地表达，并且在转基因番茄的叶片和果实中分别检测出 rMIR 的含量为 102.5 $\mu g/g$ FW 和 90.7 $\mu g/g$ FW，纯化后的 rMIR 结构与 nMIR 相似，具有高度的变味活性。相比而言，rMIR 在转基因草莓中的含量仅为 2.0 $\mu g/g$ FW。此外，有研究表明，rMIR 的积累水平和基因表达水平可以稳定地从 T_1 代到 T_5 代遗传，并且论证了转基因番茄是更适合生产神秘果素的植物。通过根癌农杆菌的介导将神秘果素导入番茄中，转化率超过 40%。这些研究成果表明，利用可食性植物生产神秘果素是一条有效且高效的途径。

为了将来工业化的大规模生产和商业化推广，如何提高神秘果素在转基因番茄中的产量便成为刻不容缓的研究课题。为此，众多科学家做了大量深入的研究工作。在研究中发现，神秘果素在转基因番茄的不同组织中积累量是不相同的，同时其产量亦与果实的成熟度有关。神秘果素在转基因番茄外果皮的表达量最高，达到 928 $\mu g/g$ FW，而在果实成长阶段，则是在过熟番茄中的积累量最大。特异 E8 启动子控制神秘果素基因在转基因番茄中的表达水平和积累量都比 35S 启动子低很多。这些研究报道证明了 35S 启动子比组织特异 E8 启动子具有更高的转录活性。在 tMIR（Native MIR terminator）中 rMIR 的积累量要高于 tNOS（Nopaline synthase terminator），在 sMIR（Synthetic gene encoding MIR protein）-tMIR 的结构中获得了最高的表达，达到 287 $\mu g/g$ FW。这些研究结果显示，优化密码子和选择合适的终止子对于神秘果素生产起着非常重要的作用。

第五节 神秘果中黄酮类化合物提取技术

一、植物黄酮类化合物的提取及分离纯化

黄酮类化合物的提取分离，按其过程可分为两个阶段：第一阶段是提取，主要考虑提取溶剂的选择问题，这和植物所含的黄酮类化合物是苷元还是苷类有关，也和原料是植物的哪一部位有关；第二阶段是分离，目的是将黄酮类化合物与其他非黄酮类成分分开，在需要的时候还要将各黄酮类成分相互分离加以纯化。但在实际操作中，这两个阶段是相互关联的，通常不能明确划分。

（一）提 取

由于黄酮类化合物在溶剂中的溶解性能相差甚大，没有一种能适合于所有黄酮类成分的提取溶剂，而必须根据目标成分的性质及杂质的类别来选择溶剂，一般原则是非极性溶剂（如乙醚、苯、乙酸乙酯、氯仿等）适用于大多数的苷元及其高度甲基化的衍生物，如多甲氧基黄酮类苷元可用苯来提取。极性溶剂（如乙酸乙酯、内酮、乙醇、水、甲醇等）及其混合溶剂（如 1 : 1 的甲醇—水溶液）则主要适用于各种黄酮苷类和极性稍大的苷元（如羟基黄酮、双黄酮类、查尔酮等），一些多糖苷类可用热水提取，而且在各种苷类的提取中要事先破坏酶的活性。同时，在选择溶剂时，要考虑到原料中伴存的杂质，对于非极性杂质（如油脂、叶绿素、甾体等）可用石油醚预先除去，而水溶性杂质则可用乙酸乙酯或丁醇抽提，或者用铅盐沉淀等方法除去。常用的提取方法有以下几种。

1. 热水提取法

热水提取法常用于各种黄酮苷的提取，提取时常将原料投入沸水以破坏酶的活性，如自槐花米中提取芦丁。该法还可用于黄烷醇、黄烷二醇、原化色素等极性较大的苷元的提取。在提取过程中要考虑加水量、浸泡时间、煎煮时间及次数等。虽然热水提取出的杂质较多，但该法工艺成本低，安全，适合于工业化大生产，如淫羊藿总黄酮的提取。采用正交实验对其提取工艺进行多因素研究，得出适合大生产的最佳工艺参数为：加 20 倍水浸泡 1.5 h，煎煮 2 次，每次煎煮 1 h。

2. 乙醇或甲醇提取法

乙醇或甲醇是最常用的黄酮类化合物提取溶剂，高浓度的醇（如 90%~95%）适用于提取苷元，60% 左右的醇适用于提取苷类。提取的次数一般是 2~4 次，可用渗漉法、回流法和冷浸法。冷浸法不需加热，但提取时间长，效率低；渗漉法因保持一定的浓度差，提取效率较高，浸出液杂质少，但费时较长，溶剂用量大，操作麻烦；回流法效率较前两者高，但成分受热易破坏的药材不宜用该方法。例如，广枣总黄酮的提取工艺为 8 倍量的 70% 乙醇回流提取 1 h，共提取 2 次，其总黄酮的得率可达 90% 以上。陈皮苷的提取用乙醇渗漉法，其最佳工艺为 10 倍量的 50% 或 60% 乙醇。

3. 系统溶剂提取法

用极性由小到大的溶剂依次提取，如先用石油醚或己烷脱脂，接着用苯提取多甲氧基黄酮或含异戊烯基、甲基的黄酮，再用乙醚、氯仿、乙酸乙酯依次提取出大多数的苷元，然后用丙酮、乙醇、甲醇、甲醇—水（1:1）提取出多羟基黄酮、双黄酮、查尔酮等成分，最后用烯醇、沸水可以提取出苷类，而花色素等成分可用1% HCl 提取出来。

4. 碱性水或碱性稀醇提取法

由于黄酮类成分大多具有酚羟基，故可用碱性水溶液（如碳酸钠、氢氧化钠、氢氧化钙水溶液）或碱性稀醇（如50%的乙醇）提取，提取液经酸化后可析出黄酮类化合物。该法提取效果通常不是很好，杂质也较多，而且要注意碱浓度不宜过高，以免加热时强碱会破坏黄酮类化合物的母核，如从槐米中提取芦丁。

（二）分　离

黄酮类化合物的分离包括黄酮类化合物与非黄酮类化合物的分离，以及黄酮类化合物之间的单体分离。常用的分离方法有溶剂萃取法（如银杏黄酮的制备）、碱提酸沉法、聚酰胺柱层析法、硅胶柱层析法、铅盐法、硼酸络合法、pH 值梯度萃取法、凝胶柱层析法等。

随着现代科学技术的发展，在中草药提取分离方面已有广泛深入的研究，新的提取分离技术不断被应用到中草药的研究和生产领域，一些新的提取分离技术应用于天然产物的研究和生产也取得了很好的效果，如超声提取法、超滤法、大孔吸附树脂柱层析、双水相萃取法、超临界流体萃取法、酶法提取、高速逆流色谱法、高效液相色谱法、分子蒸馏技术等的应用已得到广泛关注。

二、新型提取分离技术

（一）超声提取法

超声提取法（Ultrasonic extraction，UE）是近年来应用到植物有效成分提取分离中的一种方法，其原理是利用超声波的空化作用加速植物有效成分的浸出提取。另外，超声波的次级效应（如机械振动、乳化、扩散、击碎、化学效应等）也能加速目标成分的扩散释放并充分与溶剂混合，利于提取。与常规提取方法（如煎煮法、回流法、渗漉法等）相比，超声波提取法具有设备简单、操作方便、提取时间短、产率高以及无须加热有利于保护热不稳定成分等优点。目前超声提取法已用于黄酮类化合物的质量分析和少量提取中，但较少用于大规模生产，有待于进一步研究探讨。例如，从黄芩中提取黄芩苷（Baicalin），用超声提取法提取 10 min 比煎煮法提取 3 h 的提取率还高；应用超声技术对芦丁的提取工艺进行系统的研究，结果表明超声提取工艺具有省时、节能、提取率高等优点，可作为实验室及大规模生产的模拟工艺。

（二）超滤法

超滤法（Ultrafiltraion，UF）是一种膜分离技术的代表，控制超滤膜孔径大小可以有效去除提取液中的大分子物质，其原理是利用多孔的半透膜，凭借一定的压力，对液体进行分离，迫使小分子物质通过而大分子物质被截留，从而达到分离、提纯、浓缩的目的。该方法具有分离过程无相变化、低能耗、有效膜面积大、分离效率高、可在常温低压下进行等优点。例如，利用超滤法一次提取黄芩苷，产率和纯度均高于常规方法。

（三）大孔吸附树脂柱层析法

大孔吸附树脂柱层析法（Macroporous adsorption resin chromatography，MARC）于 20 世纪 70 年代末逐步应用到中草药有效成分的提取分离。大孔树脂的常用型号有 HP-30、S-861、D-101、DA-201、GDX-105、MD-05271、CAD-40、XAD-4、XAD-16 等。其特点是吸附容量大、再生简单，效果可靠，尤其适用于黄酮类、皂苷类等成分的分离纯化及其大规模生产。如用于银杏总黄酮的提取分离，很有应用前景。

（四）双水相萃取法

双水相萃取（Aqueous two phase extraction，ATPE）具有操作时间较短、操作方便、条件温和，易于工程放大和连续操作、处理量较大等优点。将两种不同水溶性聚合物的水溶液混合时，当聚合物浓度达到一定值，体系会自然地分成互不相溶的两相，这就是双水相体系。双水相体系萃取分离技术的原理是物质在双水相体系中的选择性分配。不同的物质在特定的体系中有着不同的分配系数，当物质进入双水相体系后，在上相和下相间进行选择性分配，从而达到提取分离的目的。常用的双水相体系有高聚物体系（如 PEG-Dextran 体系）和高聚体—无机盐体系（如 PEG-硫酸盐或磷酸盐体系）。

虽然有关采用双水相萃取技术从中草药中提取分离黄酮类成分的文献

报道不多，但已有实例已充分表明了其良好的应用前景。例如，用PEG6000-K$_2$HPO$_4$—水的双水相系统对黄芩苷（Baicalin）和黄芩素（Baicalein）进行分配实验，由于黄芩苷和黄芩素均有一定的疏水性，被主要分配在富含 PEG 的上相，且分配系数 K 随结线长度增加近似表示为 InK-TLL 的线性关系。两种物质的 K 最大可达到 30 和 35，分配系数随温度升高而降低，且黄芩苷的降幅比黄芩素大。采用适当的理论模型对实验数据进行关联，得到比较满意的结果。若能通过一定手段去掉溶液中的 PEG，则经浓缩结晶后可得到黄芩苷和黄芩素产品。

（五）超临界流体萃取法

超临界流体萃取（Supercriticai fluid extraction，SFE）是利用超临界流体对中草药有效成分进行提取分离的一种方法。黄酮类化合物大多具有紫外吸收，黄酮、黄酮醇等及其苷类常用的检测波长为 254~280 nm 和 340~360 nm，花青素及其苷类为 520~540nm，色原酮为 250 nm。异黄酮则多采用电流测定法及光电二极管分光光度计检测。不同的黄酮类化合物，其保留时间也有差异，如对于黄酮苷元，其在 C$_{18}$ 键合相柱上的保留能力随羟基数目的增多而减弱，在具体应用时要加以考虑。

（六）其　他

虽然高效液相色谱法（HPLC）的分离效果较理想，但考虑到其分离成本相对较高，因此，HPLC 更多用于黄酮类化合物的定性检测、定量分析或少量样品的制备等。

此外，还有高速逆流色谱法（HSCCC）、高效液相色谱法（MD）、微波萃取（ME）、半仿生提取等新型提取分离技术，在中草药化学成分的提取分离方面都有一定的应用前景，但这些技术应用于黄酮类成分提取分离的研究报道较少，还有待于进一步深入研究和探讨。

三、神秘果叶总黄酮的提取

以超纯水为溶剂，水浸法提取神秘果叶黄酮类化合物。提取时间2.5 h、料液比 1：80（g/mL）、温度为 100℃的最优水浸提工艺，提取过程中出现最高黄酮类化合物产率为 3.435 9%。另有研究采用甲醇水溶剂法提取神秘果叶中的总黄酮，使用 70% 甲醇溶液在 60℃ 回流提取 3 h，甲醇与神秘果叶的液质比为 100：1，最终总黄酮的提取率为 3.37%。采用超声波辅助法提取神秘果叶总黄酮，以体积分数为 57.09% 的乙醇做溶剂，利用响应面法为提取工艺条件，提取得率为（4.03±0.03）%。

（一）工艺流程

神秘果叶→烘干→粉碎→过筛→提取→过滤→神秘果叶总黄酮粗品提取液→减压浓缩、冷冻干燥→大孔树脂分离纯化→洗脱液旋蒸浓缩、冷冻干燥→纯化后的神秘果叶黄酮粉末。

（二）操作要点

1. 烘干、粉碎和过筛

将神秘果叶洗净，50℃烘干，粉碎过 60 目筛后，得到神秘果叶干粉。

2. 提　取

称取一定量的神秘果叶粉末，置于锥形瓶中，以一定液料比加入乙醇溶液，封口膜密封，放入超声波洗涤器中，按相应的超声时间和提取温度进行超声波辅助提取（45 kHz 频率固定）。

3. 过　滤

提取完毕，将提取液在 5 000 r/min 离心分离、过滤，收集滤液即为神秘果叶总黄酮粗品提取液。

4. 大孔树脂纯化

将预处理好的大孔吸附树脂装入柱（40 cm×1.6 cm）中，体积约为柱体积的 2/3，先将样液进行动态吸附，然后用蒸馏水洗去多糖、蛋白质等水溶性杂质成分，考察上样液浓度、上样液流速对动态吸附影响，洗脱液流速对动态洗脱影响，建立动态洗脱曲线。

5. 提取工艺对总黄酮提取率的影响

（1）乙醇体积分数对总黄酮得率的影响。黄酮得率在乙醇体积分数为 60% 之前的增加趋势明显，但在乙醇体积分数为 60% 之后反而下降。这可能是由于乙醇体积分数较低时，水溶性物质大量溶出，而乙醇体积分数过高，则脂溶性物质大量溶出，从而影响了神秘果叶总黄酮的溶出度。因此，选择乙醇体积分数在 60% 左右。

（2）料液比对总黄酮得率的影响。随着料液比的增加，黄酮的得率也相应增高，这是由于溶剂用量增加，可以使药材与溶剂接触面积增大，并且能够增大固液浓度差，有利于扩散速度的提高。当料液比等于 30 mL/g 时，黄酮类化合物完全溶出，得率达到最大值。而当料液比大于

30 mL/g 时，总黄酮的得率反而下降，这可能是由于溶剂对黄酮类物质的溶解度已经达到了饱和，从而导致了得率降低。因此，选择料液比为30∶1最适宜。

（3）超声时间对总黄酮得率的影响。随着超声时间的延长，神秘果叶总黄酮得率随之增加。当超声时间达到 40 min 时，神秘果叶总黄酮得率达到最大值。当超声时间大于 40 min，则神秘果叶总黄酮得率反呈下降趋势。这可能是因为黄酮类物质因受热时间延长而被分解破坏的速度高于析出速度，从而使得神秘果叶总黄酮得率降低。同时，浸提时间过长杂质溶出率增加，影响产品纯度，又消耗动力和能源。因此，选择超声时间40 min 为最佳。

（4）提取温度对总黄酮得率的影响。在 30~60℃ 范围内，温度升高会增加溶剂分子和溶质分子的热运动，促进扩散作用，故总黄酮得率增大。当超声温度达到 60℃ 左右时，总黄酮得率达到最大值。继续提高温度，神秘果叶总黄酮得率呈现下降趋势。因此，选取 60℃ 为最佳提取温度。

（5）各因素交互作用对总黄酮得率的影响。乙醇体积分数和液料比对神秘果叶黄酮得率影响交互作用显著，随着乙醇体积分数的增大或者提取温度的升高，黄酮得率呈现上升趋势，但乙醇体积分数的影响更加显著。同理，乙醇体积分数和提取温度、液料比和超声时间、液料比和提取温度对神秘果叶总黄酮得率影响交互作用显著。乙醇体积分数和超声时间、超声时间和提取温度的交互作用不显著。各个因子对神秘果叶总黄酮得率影响的主次顺序为：乙醇体积分数>超声时间>液料比>提取温度。

（6）最佳提取条件的确定。在乙醇体积分数 60%、液料比 30∶1，超声时间 38 min，提取温度 60℃ 的条件下，进行 5 次平行实验，实测神秘果叶总黄酮得率分别为 3.95%、3.98%、4.02%、4.04%、4.07%。

6. 大孔树脂纯化神秘果叶总黄酮的工艺研究

（1）上样浓度对大孔树脂吸附效果的影响。大孔树脂吸附率随着总黄酮浓度增加逐渐减小，在 0.8~1.4 mg/mL 变化幅度缓慢，而在 1.4~2.0 mg/mL 变化幅度较大，考虑到黄酮溶液浓度太高可能造成大孔树脂使用周期减短，黄酮浓度较低时又会降低吸附效率。因此，选择以1.4 mg/mL 为上样液浓度。

（2）上样流速对大孔树脂吸附效果的影响。大孔树脂对总黄酮吸附率随着上样速度增加逐渐减小，从速度 0.5～1.5 mL/min 变化幅度缓慢，1.5 mL/min 之后变化趋势比较明显。这是因为，在低流速时，黄酮溶液越慢通过树脂柱，和树脂接触越充分，其吸附效果越好。但吸附在树脂柱上的黄酮类物质与树脂结合比较紧密时，又不利于被洗脱下来，因此，选择的最佳流速为 1.5 mL/min。

（3）洗脱流速对大孔树脂吸附效果的影响。大孔树脂对总黄酮解析率随着洗脱液速度增加逐渐减小，在 2.0 mL/min 之后变化趋势明显增大，综合考虑，选择最适宜洗脱速度为 2.0 mL/min。

第六节　神秘果中酚类物质提取技术

植物多酚类化合物是植物次生代谢物的主要类型之一，在植物界已知有 8 000 种以上，存在于植物的各个部位，包括果实、根、茎、叶及树皮等。多酚类化合物基本的碳架结构组成为 2-苯基苯并吡喃和多羟基，分子内含有多个与 1 个或几个苯环相连羟基的化合物。

一、植物酚类物质的提取及分离纯化方法

（一）植物酚类物质的提取方法

目前，植物酚类化合物的提取方法主要有溶剂浸提法、超声波提取法、微波浸提法、超临界流体萃取法、生物酶解提取法、微生物发酵法、酸碱处理法等。超声波和微波多作为溶剂浸提法的辅助手段，提高酚类物质在溶剂中的分散和溶解；生物酶解提取法、微生物发酵法、酸碱处理法主要可以使植物中束缚在细胞壁中的酚类物质释放出来，再用溶剂进行浸提萃取。酶解处理需要多种酶，并采取提取、纯化和分离等多个步骤，成本较高。而在微生物发酵过程中，除目标产物外，还会产生其他大量的物质，这就加大了分离的难度。

（二）植物酚类物质的分离纯化方法

分离纯化植物酚类物质的方法主要有：溶剂萃取法、离子沉淀法、树脂吸附法、柱层析法、制备型高效液相色谱、膜分离技术、高速逆流色谱法等。其中，树脂吸附法在植物酚类物质的纯化分离应用上已广泛应用；制备型高效液相色谱可用于能用高效液相色谱分离的酚类物质的纯化，得

到的酚类化合物纯度较高；膜分离技术、高速逆流色谱法是目前较新的技术，并未广泛应用。

二、神秘果叶中酚类物质的提取

以不同浓度甲醇为溶剂，通过单因素法研究了甲醇浓度、提取温度和提取时间对总酚含量的影响，优化了神秘果叶中总酚的提取条件。

（一）甲醇浓度对总酚含量的影响

随着甲醇浓度从40%升高到100%，提取液中总酚的含量是先升高后降低。当甲醇溶液浓度为80%时含量最高，这可能与酚类物质的物理性质有关。这些物质比较容易溶解在有机试剂中，然而，溶液中的高有机试剂浓度反而会对提取产物有负面影响。因此最佳提取浓度为80%甲醇溶液。

（二）提取时间对总酚含量的影响

随着提取时间的延长，提取液中总酚的含量先升后降，在2 h达到峰值。这可能是因为延长提取时间可以使更多的多酚类物质溶解在溶剂中，但当时间进一步延长时，多酚的结构有可能会遭到破坏。因此提取时间定为2 h。

（三）提取温度对总酚含量的影响

温度对总酚含量的影响曲线与提取时间和甲醇浓度影响的趋势相同，最高值出现在60℃。随着温度的升高，总酚吸收的效率增加，但是，过高的温度会破坏多酚的结构，因此，最佳温度选择为60℃。

（四）最佳提取条件

总酚的最佳提取条件为：60℃，用80%甲醇溶液提取2 h，在此条件下提取的总酚含量为88.77 mg/g DW。

三、新型神秘果叶酚类物质提取设备

神秘果树枝叶经粉碎，得提取原料，回流提取2~5 h，过滤，上清液减压蒸馏，冷冻干燥，得枝叶粗提取物干粉溶于水中，经大孔吸附树脂处理，然后用乙醇水溶液洗脱，得到收集液分别进行真空浓缩、冷冻干燥得精制枝叶提取物，得到的提取物含总酚66.5%，具有良好的黄嘌呤氧化酶抑制活性，可用于制备抗氧化剂、抗痛风药物和保健品。但是这种制备方法浸提耗时长，产品得率低，成本高，且神秘果叶有效成分易发生化学变化，不利于保证其提取物的质量，影响最终产品的性能，为此，提出了一种神秘果叶微波超声波联用提取设备来解决上述问题。

参照图 8-3，神秘果叶微波超声波联用提取设备的第二壳体上端一侧固定有第一壳体，第二壳体的一端固定有承载箱，承载箱内设有挤水装置，能有效将叶渣内残留的水分挤出；承载箱的一侧固定有闭合装置，能有效保证挤压的平稳进行，并且方便取出叶渣；第二壳体的上端另一侧设有水循环装置，便于使溶剂进行循环，能有效溶解神秘果叶内的有效物质，从而提高提取效率。第二壳体的上端固定有第一驱动电机，第一驱动电机采用 HVP280M 型，稳定输出；第一壳体内相对侧壁上共同贯穿设有第一螺旋输料杆，第一驱动电机的输出轴通过联轴器连接在第一螺旋输料杆的一端，第一驱动电机能稳定带动第一螺旋输料杆转动；第一壳体和第二壳体均设有第一开口，两个第一开口相对应，第一螺旋输料杆转动，从而方便带动神秘果叶移动，进而便于使神秘果叶通过第一开口进入第二壳体内，便于进行二次加工。第二壳体内的一端侧壁上转动连接有第二螺旋输料杆，第二螺旋输料杆的一端延伸至第二壳体的一侧，第二螺旋输料杆和第一螺旋输料杆之间通过传动带传动连接，使用传动带从而只需要使用第一驱动电机提供动力，有助于降低生产成本。第一壳体上贯穿设有微波发生器，能对神秘果叶内的细胞进行初步破碎，第二壳体的下端等间距贯穿设有多个功能超声波发生器，第二壳体的一端等间距设有多个破碎超声波发生器，能对神秘果叶进行二次破碎，从而方便提升溶剂融合神秘果叶内有效成分的效率和质量。第一壳体上贯穿设有进料斗，方便使神秘果叶进入第一壳体内，第二壳体和承载箱的下端均固定有支撑架，稳定进行固定，第二壳体内的顶部固定有隔板，且隔板和第一开口相对应，方便使神秘果叶平稳进行第二壳体内，从而便于进行移动和二次破碎。

通过微波和超声波对神秘果叶进行粉碎和提取，便于快速提取神秘果叶内的物质，且能对叶渣进行充分挤压，进而便于保证液体收集的效率和质量，并且提取时间短，能有效保证神秘果叶内部物质的活性，便于加工使用。

与现有技术相比，该新型神秘果叶酚类物质提取设备具有如下优势。

（1）通过功能超声波发生器、微波发生器、破碎超声波发生器和两

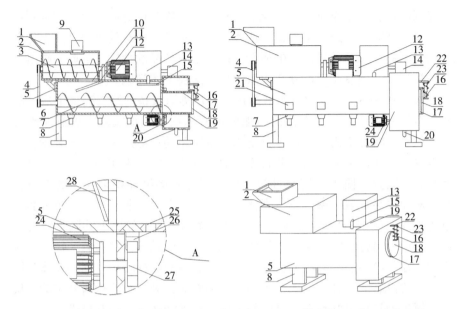

1-进料斗　2-第一壳体　3-第一螺旋输料杆　4-传动带　5-第二壳体

6-第二螺旋输料杆　7-功能超声波发生器　8-支撑架　9-微波发生器　10-第一开口

11-隔板　12-第一驱动电机　13-水箱　14-水泵　15-出水管　16-伸缩杆　17-套管

18-挡板　19-承载箱　20-连接管　21-破碎超声波发生器　22-连接板　23-弹簧

24-第二驱动电机　25-通孔　26-第一齿轮　27-第二齿轮　28-第二开口

图 8-3　神秘果叶微波超声波联用提取设备结构

个螺旋输料杆的配合，方便对神秘果叶内部汁液进行收集，解决了常规方法产品得率低，成本高的问题，达到了高效提取的目的，能有效保证神秘果叶内部物质的活性。

（2）通过挤水装置、闭合装置和水循环装置的配合，将粉碎后的神秘果叶进行挤压，从而便于挤出液体，并且方便收集叶渣，且能有效对神秘果叶汁进行收集，便于提取，有利于提升工作效率和工作质量。

四、神秘果种子中酚类物质的提取

利用超声波与双水相体系复合提取神秘果种子多酚，分别考察丙酮浓度、硫酸铵用量、超声波温度、超声波时间、料液比对神秘果种子多酚提取率的影响；采用单因素试验及响应面设计，优化神秘果种子多酚提取工艺。

（一）工艺流程

神秘果种子→粉碎过筛（60目）→石油醚脱脂→双水相体系协同超声浸提→静置分层→上层为浸提液→经大孔吸附树脂纯化→冷冻干燥→神秘果种子多酚粉末。

（二）操作要点

1. 神秘果种子的脱脂预处理

将充分干燥的神秘果种子粉碎，过60目筛，加入3倍体积的石油醚超声脱脂3次，每次50 min，抽滤后挥发干石油醚。脱脂后的种子粉末于40℃烘干至恒重，置于干燥器中备用。

2. 神秘果种子多酚的提取

精确称取1.0 g预处理好的神秘果种子样品，置于100 mL带塞锥形瓶中，按不同的料液比加入不同浓度的丙酮和硫酸铵形成双水相体系，浸泡30 min，按不同的超声时间和提取温度提取1次，超声波功率为200 W，趁热抽滤，滤液于分液漏斗中静置分层，取上层丙酮相。

3. 神秘果种子多酚的纯化

取神秘果粗多酚提取物经过大孔树脂柱层析进一步纯化，用70%的乙醇洗脱，将洗脱液减压旋转蒸发，浓缩液用冷冻干燥机真空冻干，得神秘果种子多酚样品粉末。

（三）提取工艺对多酚提取率的影响

1. 丙酮浓度和硫酸铵用量对多酚提取率的影响

在不同浓度的丙酮与硫酸铵形成的双水相体系中，多酚的提取率均随着硫酸铵用量的增大呈先上升后下降的趋势。同时不同浓度的丙酮形成的双水相对多酚提取率的影响很大，这是由于浓度过大，使亲脂性物质大量溶出，从而使通透性下降，干扰因素也随之增大。虽然60%丙酮和0.18 g硫酸铵体系的提取率也较高，但会造成有机溶剂的浪费。因此，选择50%的丙酮作为提取溶剂，并加0.22 g硫酸铵使多酚提取率达到最大。

2. 超声温度对多酚提取率的影响

多酚的提取率随超声温度的升高呈先增大后减小的趋势。在60℃时，多酚提取率达到最大值，为8.92%。这可能是由于在一定温度范围内，升高温度使传质速率增大从而使多酚更容易浸出；若温度过高，多酚易发生降解和部分氧化。因此，选择超声温度为60℃。

3. 超声时间对多酚提取率的影响

超声时间在40~100 min时，随着时间延长，多酚提取率也随之增加；当超声时间为100 min时，多酚提取率达到最大，为11.49%；继续延长超声时间，多酚提取率反而减少。这是由于开始时多酚含量较大，延长时间多酚很容易溶出且速率较快。随着超声时间的延长，总多酚含量越来越少，且更多的多酚被氧化，导致多酚提取率降低。因此，选择超声时间为100 min。

4. 料液比对多酚提取率的影响

随着液料比增大，提取率随之增大；当液料比达到1∶20时，多酚提取率达到最大；继续加大液料比，多酚提取率基本保持平缓且略有下降。这是由于提取过程中，溶液用量越大，相应的传质动力就越大，酚类物质更易溶出。但是，在产生相同热量的同时，增大溶剂的用量使提取温度相对降低，固相和液相之间的平衡降低，导致提取率的降低。综合考虑经济因素，选择料液比为1∶20。

因此，多酚最佳提取工艺条件为：丙酮浓度50%、硫酸铵用量0.22 g、超声波温度60℃、超声波时间100 min、料液比1∶20，多酚理论提取率为11.54%。

（四）纯化工艺对多酚含量的影响

分别采用6种大孔树脂（AB-8、D101、HPD-500、S8、DM130、X-5）纯化神秘果种子多酚。以吸附量、吸附率、解吸量、解吸率为评定参数，优选出X-5为最佳树脂。静态吸附与解吸结果表明：最佳pH值5.8，最佳解吸液为70%乙醇。动态吸附与解吸结果表明：最优样品液浓度为1.2 mg/mL，吸附液体积为100 mL，解吸液体积为50 mL，吸附流速为1.0 mg/mL，解吸流速为1.5 mg/mL。按筛选出的吸附与解吸条件经X-5纯化后，神秘果种子多酚提取液中总多酚含量提高了2倍。

第七节　神秘果叶粗多糖提取技术

一、多糖的提取及分离纯化方法

提取单糖、低聚糖及苷类化合物常用水或稀醇、醇作为提取溶剂，回收溶剂后依次用不同极性有机溶剂进行萃取，在石油醚提取物中往往是极性小的化合物，在氯仿、乙醚提取物中为苷元，在乙酸乙酯提取物中可获得单糖苷，在正丁醇提取物中则可获得低聚糖苷。由于植物体内有水解酶共存，为了获得原生苷，必须采用适当的方法杀酶或抑制酶的活性。如采集新鲜材料，迅速加热干燥、冷冻保存。可采用沸水或醇提取，或先用碳酸钙拌和后再用沸水提取等方法。

随着多糖聚合度的增加，性质和单糖相差越来越大，一般为非晶形，无甜味，难溶于冷水，或溶于热水成胶体溶液。黏液质、树胶、木聚糖、菊糖、肝糖原等可溶于热水而不溶于乙醇。酸性多糖半纤维素可溶于稀碱，碱性多糖（如含有氨基的多糖）可溶于稀酸，而纤维素类则在各种溶剂中均不溶。

提取多糖常用的溶剂是冷水、热水、热或冷的 0.1~1 mol/L NaOH（或 KOH），热或冷的 1% HAc（或苯酚）等。通常是先用甲醇或 1:1 的乙醇、乙醚混合液脱脂，然后用水加热提取 2~3 次，每次 4~6 h，最后再用 0.5 mol/L NaOH 水溶液提取 2 次，将多糖分为水溶和碱溶两部分。提取液经浓缩后以等量或数倍量的甲醇、乙醇或丙酮等沉淀，所获的粗多糖经反复溶解与醇沉。从不同材料中提取多糖，究竟以何种溶剂提取为宜，须根据具体情况，先以小量样品摸索，观察提取效率，并应注意用不同溶剂提取有何特点，可用水、稀酸、稀碱或稀盐提取，方法不同所得产物往往不同。为防止糖的降解，用稀酸提取时间宜短，温度最好不超过 5℃；用碱提取时，最好通入氮气或加入硼氢化钾，提取结束后要迅速中和或透析除去碱。

采用醇沉或其他溶剂沉淀所获得的多糖，常混有较多的蛋白质，脱去蛋白质的方法有多种，如选择能使蛋白质沉淀而不使多糖沉淀的酚、三氯甲烷、鞣质等试剂来处理，但用酸性试剂宜短，温度宜低，以免多糖降解。①Sevag 法：将氯仿按多糖水溶液 1/5 体积加入，然后加入氯仿体积 1/5 的丁醇，剧烈振摇 20 min，离心，分去水层与溶液层交界处的变性蛋白质。此法较温和，但需重复 5 次左右才能除去大部分蛋白质。②酶解法：在样品溶液中加入蛋白质水解酶（如胃蛋白酶、胰蛋白酶、木瓜蛋白酶、链霉蛋白酶等），使样品中的蛋白质降解。通常上述两种方法综合使用除蛋白质效果较好。③三氟三氯乙烷法：将 1 份三氟三氯乙烷加入 1 份多糖溶液中搅拌 10 min，离心得水层，水层再用上述溶剂处理 2 次可得无蛋白多糖。④三氯醋酸法：在多糖水溶液中滴加 3% 三氯醋酸，直到溶液不再继续浑浊为止，5~10℃放置过夜，离心除去胶状沉淀即可。某些多糖因含有酸碱性基团，易与蛋白质相互作用，虽不是糖蛋白，也较难去除。对碱稳定的糖蛋白，在硼氢化钾存在下，用稀碱温和处理可以把这种结合蛋白分开。

（一）季铵盐沉淀法

季铵盐及其氢氧化物是一类乳化剂，可与酸性糖形成不溶性沉淀，常用于酸性多糖的分离。通常季铵盐及其氢氧化物并不与中性多糖产生沉淀，但当溶液的 pH 值增高或加入硼砂缓冲液使糖的酸度增高时，也会与中性多糖形成沉淀。常用的季铵盐有十六烷基三甲胺的溴化物（CTAB）及其氢氧化物（Cetyl trimethyl ammonium hydroxide，CTA-OH）和十六烷基吡啶（Cetylpyridium hydroxide，CP-OH）。CTAB 或 CP-OH 的浓度一般为 1%~10%，在搅拌下滴加于 0.1%~1% 的多糖溶液中，酸性多糖可从中性多糖中沉淀出来，所以控制季铵盐的浓度也能分离各种不同的酸性多糖。值得注意的是酸性多糖混合物溶液的 pH 值要小于 9，而且不能有硼砂存在，否则中性多糖将会被沉淀出来。

（二）分级沉淀（或分级溶解）法

分级沉淀（或分级溶解）法是根据各种多糖在不同浓度的低级醇或丙酮中具有不同溶解度的性质，逐次按比例由小到大加入甲醇、乙醇或丙酮，收集不同浓度下析出的沉淀，经反复溶解与沉淀后，直到测得的物理常数恒定（最常用的是比旋光度测定或电泳检查）的一种多糖提取方法。这种方法适合于分离各种溶解度相差较大的多糖。为了多糖的稳定，常在 pH 值为 7 时进行，唯酸性多糖在 pH 值为 7 时-COOH 是以-COO 离子形式存在的，需在 pH 值为 2~4 时进行分离，为了防止糖苷键水解，操作宜迅速。此外，也可将多糖制成各种衍生物（如甲醚化物、乙酰化物等），然后将多糖衍生物溶于醇中，最后加入乙醚等极性更小的溶剂进行分级沉淀分离。

（三）离子交换色谱

离子交换色谱（Ion exchange chromatography，IEC）以离子交换树脂作为固定相，树脂上具有固定离子基团及可交换的离子基团。当流动相带着组分电离生成的离子通过固定相时，组分离子与树脂上可交换的离子基团进行可逆变换。根据糖类在纸色谱上具有很好分离效果这一事实，将纤维素改性，使离子交换和纤维素色谱结合起来制成一系列离子交换纤维素，用于多糖的分离效果良好。常用的阳离子交换纤维素有 CM‐cellulose、P‐cellulose SE‐cellulose、SM‐cellulose；阴离子交换纤维素有 DEAE‐cellulose、ECTE‐OLA‐cellulose PAB‐cellulose 和 TEAE‐cellulose 等。其中，阳离子交换纤维素特别适用于分离酸性、中性多糖和黏多糖。交换剂对多糖的吸附力与多糖的结构有关，通常多糖分子中酸性基团增加则吸附力随之增加；对于线状分子，分子量大的较分子量小的易吸附；直链的较分枝的易吸附。在 pH 值为 6 时酸性多糖可吸附于交换剂上，中性多糖则不能被吸附。当用硼砂将交换剂预处理后，则中性多糖也可以被吸附。分离酸性多糖所用的洗脱剂通常是 pH 值相同、离子强度不同的缓冲液，分离中性多糖的洗脱剂则多是不同浓度的硼砂溶液。

（四）纤维素柱色谱

纤维素柱色谱（Cellulose column chromatography）对多糖的分离既有吸附色谱的性质，又具有分配色谱的性质，所用的洗脱剂是水和不同浓度乙醇的水溶液，流出柱的先后顺序通常是水溶性大的先出柱，水溶性差的最后出柱，与分级沉淀法正好相反。

（五）凝胶柱色谱

凝胶柱色谱（Gel column chromatography）可将多糖按分子大小和形状不同分离开来，常用的有葡聚糖凝胶（Sephadex G）、琼脂糖凝胶（Sepharose Bio‐gel A）、聚丙烯酰胺凝胶（Bio‐gel P）等。常用的洗脱剂是各种浓度的盐溶液及缓冲液，但它们的离子强度最好不低于 0.02。出柱的顺序是大分子的先出柱，小分子的后出柱。由于糖分子与凝胶间的相互作用，洗脱液的体积与蛋白质的分离有很大差别。在多糖分离时，通常是用孔隙小的凝胶（如 Sephadex G‐25、Sephadex G‐50 等）先脱去多糖中的无机盐及小分子化合物，然后再用孔隙大的凝胶（如 Sephadex G‐200 等）进行分离。凝胶柱色谱法不适合于黏多糖的分离。

（六）制备性区域电泳

分子大小、形状及所负电荷不同的多糖其在电场的作用下迁移速率是不同的。故可用电泳的方法将不同的多糖分开，电泳常用的载体是玻璃粉。具体操作是用水将玻璃粉拌成胶状装柱，用电泳缓冲液平衡 3 d，将多糖加于柱上端，接通电源，上端为正极（多糖的电泳方向是向负极的），下端为负极，其每厘米的电压为 1.2~2 V，电流 30~35 mA，电泳时间为 5~12 h。电泳完毕后将玻璃粉载体推出柱外，分割后分别洗脱、检测。该方法分离效果较好，但只适合于实验室小规模使用，且电泳柱中必须有冷却夹层。

二、神秘果叶粗多糖的提取

植物多糖除了为人体提供必需的能量外，也是一类具有多种生物活性的物质，如免疫调节、抗肿瘤、抗氧化、抗衰老、降血糖等。有研究表明，神秘果叶片中多糖含量可达到 93.38 mg/g。利用单因素和正交实验优化神秘果叶片粗多糖的提取工艺，提取神秘果叶粗多糖的最佳工艺条件为液料比 20∶1、提取温度 85℃、提取时间 60 min，提取 3 次，3 个因素对神秘果叶粗多糖提取率影响从大到小依次为：提取温度>提取时间>液料比。在此条件下，神秘果叶粗多糖提取率为 4.93%±0.022%。

（一）工艺流程

神秘果叶片→微波杀青→烘干→粉碎→过筛→蒸馏水提取→离心→上清液除蛋白→除色素→减压浓缩→醇沉→冻干→神秘果叶多糖。

（二）操作要点

1. 微波杀青、烘干、粉碎、过筛

取神秘果当年生枝条中部成熟叶片，微波（功率 500 W，时间 90 s）杀青后，以 50℃热风干燥法烘干，粉碎后过 60 目筛，制成神秘果叶片干粉。

2. 提 取

称取一定质量的神秘果叶干粉，按 20∶1 的液料比加入蒸馏水，摇匀后置于恒温加热磁力搅拌锅中，在 85℃、60 min 条件下提取 3 次。

3. 离 心

提取结束后，12 000 r/min 离心 10 min，取上清液。

4. 除蛋白质

向上清液中加入氯仿与正丁醇混合溶液（体积比为 4∶1），以体积比 5∶1 充分混合，涡旋震荡 20 min，离心取上清液，重复 6 次，直到完全脱去蛋白质为止，合并上清液。

5. 除色素

将活性炭按 2% 比例加入除过蛋白质后的溶液，50℃ 下剧烈振荡 40 min，再加入 1.5% 膨润土，搅拌，离心，取上清液（澄清黄色）。

6. 减压浓缩

采用旋转蒸发仪 45℃ 减压浓缩神秘果叶粗多糖提取液。

7. 醇沉、冻干

加入 5 倍体积的 95% 乙醇，醇沉，冻干得到神秘果叶粗多糖。

（三）神秘果叶粗多糖提取工艺优化

1. 液料比对神秘果叶粗多糖提取的影响

随着液料比由 10：1 增大到 30：1，神秘果叶粗多糖提取率呈现先升高后降低的趋势。当液料比为 25：1 时粗多糖提取率最高，达到 2.98%。液料比为 20：1 到 30：1 之间，粗多糖提取率变化较平缓。这可能是因为多糖的黏度较高，液料比较小时，随着水用量的增大，神秘果叶片材料内部与提取溶剂水之间，叶片多糖的浓度差不断增加，多糖扩散增加，传质驱动力增大，进而增加了多糖的提取率；当水用量继续增加到液料比为 30：1 时，过多的溶剂增加了水与叶片材料间的传质距离，从而降低了对材料细胞的破坏，影响粗多糖的提取率。

2. 提取时间对神秘果叶粗多糖提取的影响

提取 30~60 min 范围内，随着水浴加热时间的延长，神秘果叶粗多糖提取率明显增加，60 min 时达到最大值，粗多糖提取率为 3.75%。这可能是由于在提取的开始阶段，溶剂中目标物质的含量较少，溶剂和材料中的含量存在差异，形成浓度差，促进了神秘果叶多糖的提取和释放。然而，随着水浴加热时间的继续增加，粗多糖提取率则开始有下降的趋势，这可能是由于加热时间长会导致一部分的多糖被降解，致使多糖提取率下降。

3. 提取温度对神秘果叶粗多糖提取的影响

随着温度的升高，粗多糖提取率有明显的增加趋势。80℃ 时，粗多糖提取率最大，为 3.81%；高于 80℃ 时，粗多糖提取率开始略有下降。温度增加可以在一定程度上提高粗多糖水中的溶解度，进而促进粗多糖从植物细胞向水中扩散，增强传质；但是温度过高（90℃）时，可能会破坏部分多糖的结构，导致多糖分子间氢键被破坏，糖链断裂，使多糖被水解成了单糖和寡糖，且温度升高会导致溶剂蒸发增加，也会降低提取率，同时，高温也可能会降低所提取多糖的有效活性。

4. 提取次数对神秘果叶粗多糖提取的影响

提取 1~3 次时，神秘果叶粗多糖提取率随着提取次数的增加而增加；当提取次数为 3 次和 4 次时，提取率差异不显著，基本保持恒定。出于经济性考虑，选择提取 3 次为最适条件。

第八节　神秘果叶挥发性物质提取技术

一、挥发油的提取方法

（一）水蒸气蒸馏法

挥发油与水不相混合，当受热后，二者蒸气压的总和与大气压相等时，溶液即开始沸腾，继续加热则挥发油可随水蒸气蒸馏出来。因此，天然药物中挥发油成分可采用水蒸气蒸馏法来提取。提取时，可将原料粗粉在蒸馏器中加水浸泡后，直接加热蒸馏，或者将原料放在置有孔隔层板网上，当底部的水受热产生的水蒸气通过原料时，挥发油受热随水蒸气同时蒸馏出来，收集蒸馏液，经冷却后分取油层。

此方法具有设备简单、操作容易、成本低、产量大、挥发油的回收率较高等优点。但原料易受强热而焦化，或使成分发生变化，所得挥发油的芳香气味也可能变味，往往降低作为香料的价值，应加以注意。有的挥发油（如玫瑰油）含水溶性化合物较多，可将初次蒸馏液再重新用水蒸气蒸馏并盐析后，用低沸点有机溶剂萃取出来。

（二）浸取法

对不宜用水蒸气蒸馏法提取的挥发油原料，可以直接利用有机溶剂进行浸取。常用的方法有油脂吸收法、溶剂萃取法、超临界流体萃取法。

1. 油脂吸收法

油脂类一般具有吸收挥发油的性质，往往利用此性质提取贵重的挥发油，如玫瑰油、茉莉花油常采用此法进行。通常用无臭味的猪油 3 份与牛油 2 份的混合物，均匀地涂在面积 50 cm×100 cm 的玻璃板两面，然后将此玻璃板嵌入高 5~10 cm 的木制框架中，在玻璃板上面铺放金属网，网上放一层新鲜花瓣，这样一个个的木框玻璃板重叠起来，花瓣被包围在两层脂肪的中间，挥发油逐渐被油脂所吸收，待脂肪充分吸收芳香成分后，刮下脂肪，即为"香脂"，谓之冷吸收法。或者将花等原料浸泡于油脂中，于 50~60℃ 条件下低温加热，让芳香成分溶于油脂中，此为温浸吸收法。吸收挥发油后的油脂可直接供香料工业用，也可加入无水乙醇共搅，醇溶液减压蒸去乙醇即得精油。

2. 溶剂萃取法

用石油醚（30~60℃）、二硫化碳、四氯化碳、苯等有机溶剂浸提。浸取的方法可采用回流浸出法或冷浸法，减压蒸去有机溶剂后即得浸膏。得到的浸膏往往含有植物蜡等物质，可利用乙醇对植物蜡等脂溶性杂质的溶解度随温度的下降而降低的特性，先用热乙醇溶解浸膏，放置冷却，滤除杂质，回收乙醇后即得净油。

3. 超临界流体萃取法

利用二氧化碳作为超临界流体介质，该萃取方法和溶剂萃取技术相似，用这种技术提取芳香挥发油，具有防止氧化、热解及提高品质的突出优点，所得芳香挥发油气味与原料相同，明显优于其他方法。但由于工艺技术要求高，设备费用投资大，该方法在我国应用还不普遍。

（三）冷压法

此法适用于新鲜原料，如橘、柑、柠檬果皮含挥发油较多的原料，可经撕裂，捣碎冷压后静置分层，或用离心机分出油分，即得粗品。此法所得挥发油可保持原有的新鲜香味，但可能溶出原料中的不挥发性物质。例如，柠檬油常溶出原料中的叶绿素，而使柠檬油呈绿色。

二、挥发油的分离

从植物中提取出来的挥发油往往为混合物，根据要求和需要，可做进一步分离与纯化，以获得单体成分，常用方法如下。

（一）冷冻处理

将挥发油置于 0℃ 以下使其析出结晶，如无结晶析出可将温度降至 -20℃，继续放置。取出结晶再经重结晶可得纯品。例如，薄荷油冷至 -10℃，12 h 析出第一批粗脑，再在 -20℃ 冷冻 24 h 可析出第二批粗脑，粗脑加热熔融，在 0℃ 冷冻即可得较纯薄荷脑。

（二）分馏法

由于挥发油的组成成分多对热及空气中的氧较敏感，因此分馏时宜在减压下进行。通常在 35~70℃/10 mm Hg 被蒸馏出来的为单萜烯类化合物，在 70~100℃/10 mm Hg 被蒸馏出来的是单萜烯的含氧化合物，在更高的温度被蒸馏出来的是倍半萜烯及其含氧化合物，有的倍半萜烯含氧化合物的沸点很高，所得的各馏分中的组成成分有时呈交叉情况。蒸馏时，在相同压力下，收集同一温度蒸馏出来的部分为一馏分，将各馏分分别进行薄层色谱或气相色谱。必要时结合物理常数（如比重、折光率、比旋度等）的测定，以了解其是否已初步纯化。还需要经过适当的处理分离，才能获得纯品。例如，薄荷油在 200~220℃ 的馏分，主要是薄荷脑，在 0℃ 低温放置，即可得到薄荷脑的结晶，再进一步重结晶可得纯品。

（三）化学方法

1. 利用酸碱性不同进行分离

（1）碱性成分的分离：挥发油经过预试若含有碱性成分，可将挥发油溶于乙醚，加 10% 盐酸或硫酸萃取，分取酸水层，碱化，用乙醚萃取，蒸去乙醚可得碱性成分。

（2）酚、酸性成分的分离：将挥发油溶于等量乙醚中，先以 5% 的碳酸氢钠溶液直接进行萃取，分出碱水液，加稀酸酸化，用乙醚萃取，蒸去乙醚，可得酸性成分。继续用 2% 氢氧化钠溶液萃取，分取碱水层，酸化后，用乙醚萃取，蒸去乙醚可得酚性成分。工业上从丁香罗勒油中提取丁香酚就是应用此法。

2. 利用功能团特性进行分离

对于一些中性挥发油，多利用功能团的特性制备成相应衍生物的方法进行分离。

（1）醇化合物的分离：将挥发油与丙二酸单酰氯或邻苯二甲酸酐或丁二酸酐反应生成酯，再将生成物溶于碳酸钠溶液，用乙醚洗去未作用的挥发油，碱溶液皂化，再以乙醚提出所生成的酯，蒸去乙醚残留物经皂化而得到原有的醇成分。

（2）醛、酮化合物的分离：分别除去酚、酸成分的挥发油母液，经水洗至中性，以无水硫酸钠干燥后，加亚硫酸氢钠饱和液振摇，分出水层或加成物结晶，加酸或碱液处理，使加成物水解，以乙醚萃取，可得醛或酮类化合物。也可将挥发油与吉拉德试剂 T（或 P）回流 1 h，使生成水溶性的缩合物，用乙醚除去不具羰基的组分，再以酸处理，又可获得羰基化合物。有些酮类化合物和硫化氢生成结晶状的衍生物，此物质经碱处理又可得到酮化合物。

（3）其他成分的分离：挥发油中的酯类成分，多使用精馏或色谱分离；醚萜成分在挥发油中不多见，可利用醚类与浓酸形成氧鎓盐易结晶的性质从挥发油中分离出来。如桉叶油中的桉油精属于醚成分，它与浓磷酸可形成白色的磷酸盐结晶。也可利用 Br_2、HCl、HBr、$NOCl_2$ 等试剂与双键加成，这种加成产物常为结晶状态，可借以分离和纯化。

（四）色谱分离法

色谱法中以硅胶和氧化铝吸附柱色谱应用最广泛。由于挥发油的组成成分多而复杂，分离多采用分馏法与吸附色谱法相结合，往往能得到较好效果。一般将分馏的馏分溶于石油醚或己烷等极性小的溶剂，使其通过硅胶或氧化铝吸附柱，依次用石油醚、己烷、乙酸乙酯等，按一定比例组成的混合溶剂进行洗脱。洗脱液分别以 TLC 进行检查，这样使每一馏分中的各成分又得到了分离。例如，香叶醇和柠檬烯常常共存于许多植物的挥发油中，将其混合物溶于石油醚，使其通过氧化铝吸附柱，用石油醚洗脱，由于柠檬烯的极性小于香叶醇，吸附较弱，可被石油醚先洗脱下来，然后再改用石油醚中加入少量甲醇的混合溶剂冲洗，则香叶醇就被洗脱下来，使二者得到分离。

除采用一般色谱法之外，还可采用硝酸银柱色谱或硝酸银 TLC 进行分离。这是根据挥发油成分中双键的多少和位置不同，与硝酸银形成 π 络合物难易程度和稳定性的差别，而得到色谱分离。一般硝酸银浓度 $2.0\% \sim 2.5\%$ 较为适宜。例如 α-细辛醚、β-细辛醚和欧细辛醚的混合物，通过用 2% $AgNO_3$，处理的硅胶柱，用苯—乙醚（5:1）洗脱，分别收集，并用 TLC 检查。α-细辛醚苯环外双键为反式，与 $AgNO_3$ 络合不牢固，先被洗下来。β-细辛醚为顺式，与 $AgNO_3$ 络合的能力虽然大于 α-细辛醚，但小于欧细辛醚，因欧细辛醚的双键为末端双键，与 $AgNO_3$ 结合能力最强，故 β-细辛醚第二个被洗下来，欧细辛醚则最后被洗下来。

气相色谱是研究挥发油组成成分的好方法，有些研究应用制备性气—液色谱，成功地将挥发油成分分开，使所得纯品能进一步应用四大波谱加以确切鉴定。制备性薄层色谱结合波谱鉴定，也是常用的方法。

三、神秘果叶挥发油的提取

（一）工艺流程

新鲜神秘果叶→洗净→剪碎→水蒸气蒸馏提取→乙醚萃取→旋转蒸发浓缩→淡黄色透明油状物。

（二）操作要点

根据《中华人民共和国药典》（2010 年版）中的标准方法提取神秘果叶挥发油。首先将采集的新鲜神秘果叶用蒸馏水洗净，剪成片状，称取 500 g 试样，置圆底烧瓶中加入蒸馏水，水蒸气蒸馏 6 h，馏出液用无水乙醚萃取 3 次，合并萃取液，用无水硫酸钠干燥后过夜，滤液用旋转蒸发仪回收溶剂。得到具有清香味的淡黄色透明油状物，平均提取率为 0.1% 鲜重。挥发油中共分离出 68 个化合物，鉴定出 44 种化学成分，占挥发油总质量分数的 92.14%。其中质量分数较高的组分为匙叶桉油烯醇（24.194%）、柠檬烯（15.805%）、邻苯二甲酸二异辛酯（12.402%）、邻苯二甲酸二丁酯（10.326%）、棕榈酸（4.865%）和芳樟醇（2.139%）。

第九节　神秘果种子油提取技术

一、种子油提取技术

（一）机械压榨法

机械压榨法是目前油脂生产加工企业最常用的方法，原理是利用机械外力的压榨原理，将油脂从破碎的油料结构中一次性挤压出来。压榨法制油工艺：首先对目标原料进行清洗、去皮去壳等预处理，碾压、蒸炒或膨化成油坯后进行压榨获得毛油和油饼。现有的压榨工艺根据原料预处理后压榨前是否进行热处理又分为热榨、冷榨。两种压榨法的共同特点是操作简单，无溶剂残留，但都有缺陷，且后续还需要精炼油，费时费力，因此，制约了压榨法制油的发展。

1. 热榨法

热榨法是一种更为传统的制油方法，是将油料作物蒸炒制胚，再榨取油料，热榨制油存留残渣少，制出的油有浓厚的香味，但颜色深，且加工过程中的高温处理对油脂品质产生影响，营养成分损失严重，且加工后的饼粕蛋白质一般会变性，造成蛋白质浪费，不能有效后续利用。热榨法适用于本身出油量大的原料，为大多数油脂企业选择的方式之一，如压榨花生油。

2. 冷榨法

冷榨法是指油料不经高温蒸炒预处理，在低于65℃（高水分油料低于50℃）的条件下借助机械压力将油脂从原料中压榨出来的工艺。在冷榨过程中油料主要产生物料变形、油脂分离等物理变化。根据机械作用力的不同，冷榨法又可分为液压压榨法和螺旋压榨法。

冷榨制油属于纯物理方法，与热榨方法相比，具有如下优点：油料不经过高温压榨和预处理，避免了高温下油脂氧化酸败、色泽加深、出现焦糊味道的现象；不产生反式脂肪酸、油脂聚合体等有害物质，保护油脂中的脂溶性功能成分和天然风味不被破坏；所得油脂色泽浅、酸价低、氧化稳定性好，仅需要简单的精炼工艺即可得到高品质的油脂；在压榨过程中，油料中蛋白质变性程度低，色泽风味优良，能够在得到油脂的同时生产高活性的植物蛋白。

但是，冷榨法制油还存在不少的缺点，有很大的改进空间。首先，冷榨饼残油率高。一般而言，冷榨饼的残油可高达12%～20%，是热榨饼残油的2～3倍，虽然可以通过增加压榨压力和压榨次数来降低残油，但将会以牺牲冷榨油脂品质为代价，不可采用。其次，冷榨能耗比高，油料由于没有经过高温蒸炒和压榨，其中蛋白质不变性，与油脂结合紧密，不利于油脂的渗出，因此需要更高强度的压榨。最后，低温压榨过程中所产生风味物质较少，油脂香味并不够浓郁。

（二）溶剂浸提法

溶剂浸提法原理及特点：利用固液萃取的原理，先将原料进行机械粉碎成均匀细小的颗粒，将其与有机溶剂进行混合浸泡，利用分子扩散和对流扩散的传质过程，使油脂和溶剂相互渗透扩散，从而将油脂从固相转移到液相中，形成油脂和为有机溶剂共存的混合油。再利用溶剂和油脂沸点、稳定性等物理特性的差别，采取旋蒸或汽提，将油脂最大限度地提取出来。溶剂浸提法制油可以明显提高出油率，残油不足1%，并且制油后的籽粕还可进行蛋白质等物质的利用，操作简单，成本偏低。

影响浸提法出油率的因素有以下 5 种。

1. 溶剂选择

溶剂的选择对浸出油有至关重要的作用，并非所有的有机溶剂都可以作为浸提的溶剂，要能够满足提取工艺的要求：①对油脂应有很好的溶解能力，同时对水等非油物质溶解度小或者不溶；②沸点适当，应能够在普遍达到的条件下进行汽化，与油脂从混合油中分离；③化学性质稳定且不易在提取过程中发生任何物理或化学变化；④来源广泛且不对人体造成伤害等。常用的有机溶剂有石油醚、正己烷、环己烷、乙醚、乙酸乙酯、三氯甲烷—甲醇等。

2. 浸出时间

原料在溶剂中进行充分的浸泡，使溶剂提取外表面的游离态脂肪以后，再有充分的时间浸入到原料表皮内部，使得溶剂与细胞质中的大分子结合态油脂充分接触，从而达到更好的浸提效果。

3. 浸提温度

由于分子扩散作用可以得知，当温度升高时，分子热运动激烈，分子的充分运动可以使油料充分与溶剂结合，但若温度过高，便会造成溶剂汽化量增加，压力增大，油脂浸出受阻。

4. 含水量

物料含水量过高，会影响溶剂对油脂的亲和性，无法做到充分渗透，含水量过低，会影响原料结构强度，形成粉末状颗粒，溶剂更无法渗透。

5. 料液比

料液比越大，浸出物与溶剂体系的浓度差越不易消除，越有利于提高浸出速率，提高出油率，但溶剂越多，会增大后续溶剂回收的工作量。因此，要控制适当溶剂比。

（三）水酶法

水酶法工艺是在机械破碎的基础上，采用能降解植物油料细胞的酶或对脂蛋白、脂多糖等复合体有降解作用的酶（包括纤维素酶、果胶酶、淀粉酶、蛋白酶等）作用于油料，使油脂易于从油料固体中释放出来，利用非油成分（蛋白质和碳水化合物）对油和水的亲和力差异，同时利用油水比重不同而将油和非油成分分离。水酶法工艺中，酶除了能降解油料细胞、分解脂蛋白、脂多糖等复合体外，还能破坏油料在磨浆等过程中形成的包裹在油滴表面的脂蛋白膜，降低乳状液的稳定性，从而提高游离油得率。

水酶法提取植物油与传统制油工艺相比具有以下工艺优点：①从油料作物中同时分离油和蛋白质。②设备简单，操作安全，植物油无溶剂残留，投资少。③能除去油料中的异味成分、营养抑制剂因子和产气因子。④分离得到的等电点可溶植物水解蛋白含有很高的附加值，能广泛应用于多种食品体系。⑤分离得到的乳化油经破乳后无须处理即可获得高质量的油。

（四）超临界萃取法

超临界萃取技术是种复合高环保理念的新兴技术，是在超临界流体填充的环境下进行分离提取的方法，是利用温度和压力均高于临界温度和临界压力的超临界流体进行萃取的一项技术。超临界流体兼具液体与气体的双重特性，不仅具有类似液体对溶质有较高溶解度的特点，还具有类似气体易于运动和扩散的特点，更重要的是超临界流体诸如黏度、扩散系数、密度等性质随温度和压力变化很大，因此可以实现选择性的萃取分离。

超临界萃取是利用萃取温度和压力对超临界流体针对目标物质溶解能力的影响而实现萃取分离的。在萃取过程中，超临界流体和目标物质接触，通过调节温度和压力，选择性地萃取极性、沸点、分子量不同的成分。最后，通过减压升温的方式使超临界流体和被萃取物质分离，达到萃取目的。整个萃取与分离过程短，效率高。在超临界流体中，CO_2的临界温度（31.1℃）和临界压力（7.387 MPa）都较低，萃取条件温和，不破坏油脂活性物质，防止油脂氧化，同时能较好地保护油料蛋白质成分，有利于其进一步的加工利用，并且CO_2不可燃，价格低廉，对环境友好，因此是最为常用的超临界萃取剂。CO_2的萃取能力可通过对萃取温度和压力的调节来控制，从而能够选择性地萃取目标产品，减少油中色素、磷脂、游离脂肪酸等杂质，不仅简化了后续精炼工序，还最大限度地避免油脂中功能成分的损失。CO_2在常温常压下为气体，无毒易回收，不存在溶剂残留。但该技术对设备要求严格，运营成本较高，目前在生产实践中还未得到广泛的应用。

二、神秘果种子油提取技术

采用超临界CO_2流体萃取法从神秘果种子中提取神秘果种子油，其粗提物得率为8%（以干重计）。超临界提取的神秘果种子油较溶剂提取具有更好的降糖效果。

（一）工艺流程

神秘果种子→去包衣→碾碎→石油醚索氏萃取→旋转蒸发浓缩→神秘果种子油。

（二）操作要点

将神秘果种子除去包衣后，用石油醚索氏萃取器从碾碎的籽粒中提取油样。在选定的溶剂沸点上进行浸出，浸出时间为8 h。提取相（油和溶剂）用带真空泵的旋转蒸发器进行蒸馏，以确保溶剂完全去除。神秘果种子油的重量占冷冻干燥种子总重量的6%。在室温下呈淡绿色，黏稠。当温度低于4℃时，它也会变成固体。

另有方法是将分离出来的神秘果种子冷冻，并在-20℃的氮气中保存备用。油脂提取前，先将种子进行解冻，用蒸馏水清洗，在滤纸上晾干15 min，在研钵中碾碎。采用氯仿—甲醇提取神秘果种子中的油脂，萃取物在真空下浓缩，并用SR-25葡聚糖凝胶柱进行纯化，用$CHCl_3$-MeOH饱和水溶液进行洗脱。按干重计算，压碎种子的油脂含量为10.15%。继续用硅酸色谱柱（100~200目）分离总脂类，分别用氯仿、丙酮、甲醇进行洗脱，得到中性脂类（90.8%）、糖脂类（7.3%）和磷脂类（3.16%）。采用薄层色谱法继续分离纯化，溶剂体系如下：中性脂类为石油醚/乙醚/乙酸（体积比70∶20∶7）和正己烷/乙醚/乙酸（体积比40∶10∶1）；糖脂类为氯仿/甲醇/乙酸（体积比100∶25∶8）；磷脂为氯仿/甲醇/氢氧化铵（体积比65∶25∶4）。

神秘果种子中性脂包含甘油三酯（75%）、甘油二酯（16%）、甘油单酯（1.9%）、自由脂肪酸（2.9%）以及不皂化脂（1.6%）；糖脂包括单半乳糖甘油二酯（32.5%）、二半乳糖甘油二酯（20%）、脑苷脂（39%）以及未知物（8.5%）；磷脂中含有脑磷脂（32%）、卵磷脂（68%）、磷脂酰肌醇（4%）以及痕量的溶血卵磷脂。神秘果种子油脂的非皂化部分占中性脂的1.6%。硅胶板薄层色谱得到5个谱带，分别为烃类、甾体酯类、三萜醇类、游离甾醇类和未知化合物。

利用气相色谱法分析以上3种脂肪酸组成：总脂质以及3个主要组分的甲基化和甲酯的GC定量分析。游离脂肪酸在碱性阴离子交换树脂上分离，其甲酯经气相色谱分析。可以看出，神秘果的种子脂质中不含任何不寻常的脂肪酸（主要为棕榈酸、油酸和亚油酸）。定量上，它们的棕榈酸含量相对较高，其组成与棕榈油相似。

三、神秘果种子油提取方法比较

采用非极性溶剂微波辅助提取法（NPSMAE）、混合溶剂微波提取法（CSMAE）和超声波辅助提取法（UAE）提取神秘果种子油，分离出32种化合物。神秘果种子中油组分主要以脂肪酸为主，此外还包括少数的烷烃、烯烃、醛、酸、萜类等化合物。3种方法提取的种子油组分的种类和相对含量均相差不大，没有发现因使用微波吸收介质而产生的新化合物。采用 NPSMAE、CSMAE 和 UAE 所得挥发油经 GC-MS 分析，分别鉴定出17种、18种及15种化合物，已知组分总相对含量（各组分相对含量加和）分别为90.98%、80.20%和81.57%。在鉴定的化合物中，相对含量最高的组分是棕榈酸，其他相对含量较高的主要成分有油酸（3种提取方法的含量分别为31.13%、27.53%、29.44%），3α-烷基-12-齐墩果烯乙酸酯（3种提取方法的含量分别为未检出、1.90%、1.22%），14-甲基十五烷酸甲酯（3种提取方法的含量分别为0.89%、0.92%、1.21%）。虽然用3种方法所得到的神秘果种子挥发油主要成分所占比例各不相同，但彼此相差不大。采用 CSMAE 所得的挥发油中含氧化合物组分稍多，如2-十一烯醛、3α-烷基-12-齐墩果烯乙酸酯、3β-20（29）-烯-乙酰羽扇豆醇酯等，可能与提取溶剂的极性有关。棕榈酸可以抑制胰岛葡萄糖转运蛋白2、胰岛素、胰腺十二指肠同源异型盒因子1和 rRNA 的表达，显著改善对胰岛的脂毒性作用；油酸可以调节血脂、预防肿瘤、改善记忆等。

以羰基铁粉（CIP）为微波吸收介质，改进传统微波辅助提取方法萃取神秘果种子中的挥发油，改进后的方法与混合溶剂微波提取法、超声提取法相比，所提取的挥发油组分的种类和相对含量均相差不大。

第九章　神秘果功能性食品及用品加工技术

第一节　中国功能性食品科技创新体系
面临的主要问题

功能性食品一词最早于 1962 年由日本提出，目前各国称呼不一，有的称为健康营养化学品、营养化学品，有的称为改善食品。在我国，也称为功能性营养化学品或保健食品。功能性食品的发展可划分为 3 代。第一代功能性食品是根据基料的成分推断产品的功能，没有经过验证，缺乏功能性评价和科学性。第二代功能性食品是指经过动物和人体实验，证实其确实具有生理调节功能。第三代功能性食品在第二代功能性食品的基础上，进一步研究其功能因子结构、含量和作用机理，保持生理活性成分在食品中以稳定形态存在。如今正在从第一代、第二代向第三代发展。

近年来，功能性食品发展迅速，虽然我国功能性食品行业也得到了较快发展，但和世界发达国家相比仍有不小的差距。因此，我国应该加快功能性食品的研究步伐，进一步完善科技创新体系和科技创新平台的建设，提高我国功能性食品的国际竞争力。

目前，我国功能性食品科技创新体系存在以下几方面问题。

一是研究基础不够。功能性食品是一个综合性产业，从学科发展来说，它是一个综合学科，功能性食品的研究与生理学、生物化学、营养学及中医药学等多种学科的基础理论相关，发展需要多学科共同努力。

二是低端产品简单重复现象严重。尽管国家在功能性食品的审批工作中出台了一系列较为严格的规定，但对企业的研究开发工作过程却无法形成明确规范，也难以进行较好的监管，从而导致一些低水平重复的产品不断增加，而在产品功能及形态上也并未有实质性突破。同时，国内一些功能性食品生产企业由于缺乏长远目光和科学决策，对于新产品开发投入不足，出现低端产品简单重复和仿造现象，导致开发的产品功能过于集中，限制了整个行业的快速发展。

三是产品通常采用非常规的食品形态，且价格总体偏高。在功能性食品产业发展比较成熟的日本，功能性食品必须以常规食品作为载体；而在我国，则通常采用非常规的产品形态，如以粉末、片剂、口服液和胶囊等作为产品形式，由于其产品形态脱离了消费者的日常生活，难以培养消费者日常使用的习惯，且价格普遍较高，使众多潜在消费者较难接受。

四是行业监管难度较大。一直以来，我国针对功能性食品的监管重点是对其配方进行审批，主要是保证了产品配方无毒无害，产品所宣传功能真实可靠。但是目前，经批准生产和销售的功能性食品中，大多数还属于第二代产品，其功能性成分大多无法确定，作用机理尚未清楚，有的产品成分复杂、原料来源独特、难以分辨实际制作材料，对假冒产品也较难鉴别，给产品监管带来诸多困难。某些不良商家甚至利用监管漏洞，在生产过程中加入化学药品甚至违禁药品。

五是应用研究与市场严重脱离，科技成果转化率低。一些科研成果虽通过国家各级鉴定，被认为具有较高科研水平，却没有以市场为导向，与需求严重脱离，从立项开始，就不具有转化的条件，科研成果配套性和成熟度不高，采用新工艺、新技术不能带来高额回报，在实际应用中的情况也并不理想。这要求科研立项的工作必须牢牢抓住市场，大力扶持那些市场前景好和经济效益比较稳定的项目，以市场导向为考量重点。

此外，功能性食品推广服务体系不完善，也是导致科技成果转化率较低的一个主要原因。促进科研成果的拥有者和应用者形成对风险的统一认识，市场推广是提高成果转化成功率的重要一环，而目前我国在这个环节的建设方面还很薄弱，某些企业由于害怕风险而拒绝使用一些具有较好市场前景的科技成果。因此，在这个环节，政府必须加大相关投入并提供强有力的支持。

第二节　神秘果果实加工技术

一、冻干神秘果果实加工

（一）工艺流程

神秘果→采摘→挑选、清洗→预冷→预冻→真空冷冻干燥（升华干燥）→精挑→杀菌→包装→入库。

（二）操作要点

1. 采摘、挑选、清洗

使用一种新型的神秘果果实采摘装置采摘成熟神秘果，选用无虫害、无霉烂变质、无破损的优质成熟神秘果，然后清水洗净。

2. 预 冻

预冻是先对神秘果实进行冷却，一般温度要求低于共晶点 5~10℃。预冻可以将果实中的水分冻结成冰晶状态，经过真空冷冻干燥后能够保持其形态质构并且复水性良好。预冻的降温速度和时间长短影响结晶情况，决定产品质量。慢速冷冻会造成细胞外先发生结晶，细胞内液态水会向细胞外转移，使得细胞外冰晶体积增大，会损伤细胞组织，影响产品品质。采用快速冷冻使得细胞内外水分结成小且均匀的冰晶，提高产品质量。控制每分钟降温 10~15℃，待温度降到 -30~-20℃ 后保持 1~2 h，产品具有良好的复水性且复水后形态质构较好。

3. 真空冷冻干燥

进入升华阶段前，冻干设备中的冷阱在预冻结束前 40 min 左右开始进行降温。冷阱的温度一般保持在 -40℃ 以下至冻干结束。

4. 入料后

设备抽真空至 100 Pa 并开始加热，迅速加热到 100℃ 后，缓慢降至 80℃。由于冰晶升华带走大量热量，神秘果果实温度上升缓慢，5~8 h 后冰晶升华基本完成，此时水分残留 10% 左右。果实中的化学结合水需要在高温条件下才逸出，需要进行解析干燥，加热温度应缓慢下降到 40~50℃，避免高温影响产品品质。继续干燥 10 h 左右，至产品含水量为 4% 以下，完成冷冻干燥。

5. 精 挑

将冷冻干燥后的神秘果果实进行精挑选，去掉品相不好的。杀菌、包装、入库。杀菌方法可采用紫外线杀菌，一般在照射强度为 200 W/m² 和辐射剂量小于 10 kGy 条件下进行杀菌处理后包装入库。

（三）采摘装置、冻干装置与包装盒

1. 神秘果果实采摘装置

针对在现有采摘过程中，果实与果树分离后直接进入收集箱容易损伤果实，影响果实出售卖相的问题，研制出了一种新型神秘果果实采摘装置（图9-1），其包括收集箱，所述收集箱的一侧固定安装有手把，收集箱的一侧内壁上固定安装有"U"形柱，"U"形柱上滑动套接有滑块，果实和果树分离过后先落入固定板和"L"形板上，当压板和收集箱的底侧内壁或者收集箱内的果实相接触时，压板受到挤压使"L"形板旋转，进而使得位于固定板和"L"形板的果实落在收集箱内，避免了果实直接落入收集箱而导致果实产生损伤，满足了其使用需求。

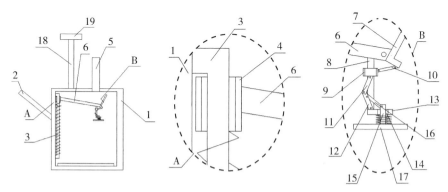

1-收集箱　2-手把　3-"U"形柱　4-滑块　5-采摘筒　6-固定板　7-"L"形板　8-连接柱
9-活动块　10-拉杆　11-活动杆　12-转动杆　13-限位柱　14-限位孔　15-压杆
16-推杆　17-压板　18-伸缩柄　19-圆弧形梳齿

图9-1　神秘果果实采摘装置结构

2. 神秘果果实冻干装置

冷冻后的神秘果在处理时，需要将果肉和种子进行分离，但是常规的果肉分离装置，能对较大水果进行果肉分离，而对神秘果这类较小的果实无法有效进行分离，从而不利于后期对其果肉和种子进行粉碎，不利于使用，为此，我们提出了一种神秘果冻干果实处理装置来解决上述问题。

神秘果冻干果实处理装置（图9-2），包括壳体，壳体上设有保护装置，壳体的下端设有动力装置，动力装置上设有套筒，套筒上固定有底盘，套筒和底盘内共同转动套接有转动杆，转动杆的上端两侧均固定有第二横杆，两个第二横杆上共同固定有第二套环，第二套环的上端固定有漏斗，第二套环的下端等间距固定有多个扇叶，且多个扇叶均与底盘相对应，漏斗的两侧均固定有第一横杆。该装置能有效将果肉进行分离，更能有效抵御外界的震动，从而保证其能正常工作，保证分离的质量和效果，进而方便收集、分类和粉碎，提高粉碎的质量。

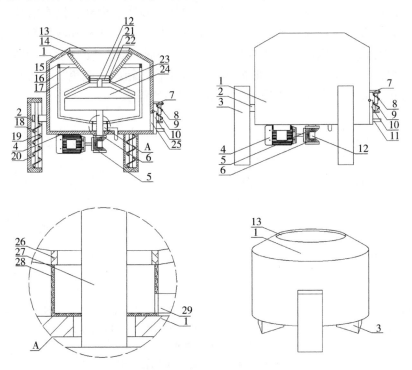

1-壳体 2-连接块 3-竖板 4-驱动电机 5-第一锥形齿轮 6-第二锥形齿轮

7-固定板 8-伸缩杆 9-第一弹簧 10-挡板 11-握把 12-转动杆 13-第一开口

14-漏斗 15-第一套环 16-第一横杆 17-"L"形杆 18-固定杆 19-连接槽

20-第二弹簧 21-第二横杆 22-第二套环 23-扇叶 24-底盘 25-第二开口

26-第三套环 27-套筒 28-盛料桶 29-出料管

图 9-2 神秘果果实冻干装置结构

3. 神秘果低温保鲜包装盒

目前，在对神秘果进行运输的时候，需要使用保鲜包装盒，以此来保证神秘果的新鲜度，避免出现温度过高导致神秘果腐烂的情况发生，但是，现有的保鲜包装盒保鲜效果差，无法根据食品的大小调节放置的位置，而且不方便安装和拆卸，有很大的局限性，为此，提出了一种神秘果低温保鲜包装盒来解决上述问题（图 9-3）。

神秘果低温保鲜包装盒包括箱体，箱体的一侧铰接有第二封盖，箱体和第二封盖上共同包裹有保护套，箱体内设有第一放置槽，箱体内一周的4个侧壁上均设有冰袋放置槽，冰袋放置槽的一端侧壁上等间距设有多个第二通孔，冰袋放置槽和第一放置槽之间通过第二通孔贯通，第一放置槽内的相对侧壁之间等间距固定有5个横板，5个横板上共同架设有5个隔板。该装置不仅解决了无法根据食品的大小调节放置的问题，还解决了保鲜效果差的问题，方便调节放置空间，避免包装盒内的神秘果因高温造成腐烂，保持了神秘果的新鲜度，同时，方便安装和拆卸。

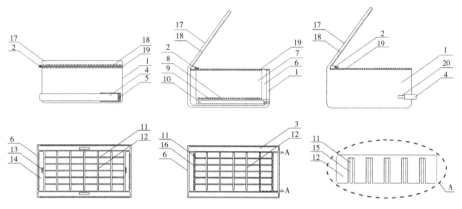

1-保护套　2-拉锁　3-冰袋放置槽　4-魔术贴公面　5-魔术贴母面　6-箱体　7-第一放置槽
8-第一通孔　9-第二放置槽　10-制冷剂放置盒　11-横板　12-隔板　13-凹槽　14-第一封盖
15-豁口　16-第二通孔　17-第二封盖　18-第一牙链　19-第二牙链　20-连接带

图9-3　神秘果低温保鲜包装盒结构

（四）产品特点

真空冷冻干燥是集真空和冷冻技术为一体的现代最先进的干燥方法之一，现被广泛应用于食品加工生产，能较好地保持食品营养成分和原有形状，保留新鲜食品的颜色、香气及味道，便于长期贮存、运输和销售。

真空冷冻干燥优势：①营养成分破坏小，特别是那些易挥发的热敏性成分损失少，保持食品较高营养价值。②外观完好、产品质地脆。③产品含水量低、重量轻，密封包装可常温贮存和运输，因此经营成本低，效益好。④食用方便，冻干产品可复水后食用，也可以直接食用冻干食品，风味口感都较好。

二、冻干神秘果粉加工

（一）工艺流程

新鲜神秘果→采摘→挑选、清洗→去核→打浆→预冷冻→干燥→粉碎→杀菌→包装→入库。

（二）操作要点

1. 采摘、挑选、清洗

与上述真空冷冻干燥神秘果果实工艺相同。

2. 去 核

将洗净的鲜神秘果放入高精度定位装置中，然后以高速冲刺穿透方式使得果肉与果核分离，除去果核，得到果肉。

3. 打 浆

将果皮和果肉破碎，加到双道打浆机中制浆，接着分离得到浆液与果皮；果皮继续破碎，然后与上述浆液混合均匀，得到一种神秘果浆液。

4. 预冷冻

调节神秘果浆液 pH 值范围为 3.0~7.0（使用醋酸盐缓冲液），然后进行低温浓缩，浓缩后体积为神秘果浆液原体积的 1/3~1/2。放入温度为 $-30 \sim -20℃$ 的冻库中冷冻 1~2 h 后，接着放入温度为 $-50 \sim -40℃$ 的冻库中继续冷冻 30~40 min。

5. 干 燥

神秘果浆液预冷冻后加入冻干仓冻干至干燥，冻干仓压力为 10~100 Pa，电场强度为 100~200 V/cm。

6. 粉 碎

将神秘果浆液冻干物粗粉碎处理后，进行超微粉碎至 150~200 目，得到神秘果冻干粉。

7. 灭菌包装

神秘果冻干粉在紫外灯下灭菌后进行真空封口包装，然后入库。

（三）产品特点

神秘果冻干粉的制备方法主要包括去核、打浆、预冷冻、干燥与粉碎等步骤。采用高速冲刺穿透方法除去神秘果核，完整保留了果皮和果肉。整个冻干粉制备过程均采用低温处理，有效保护了许多热敏性营养成分的稳定性。真空条件下进行干燥，易氧化物质起到很好的保护作用。冻干粉形态疏松、颜色基本不发生改变，加水后能够快速溶解并恢复原有水溶液的理化特性和生物活性，保证神秘果的全营养加工。加工完成后，水分含量非常低，产品稳定性高，贮存时间长，不同季节均可食用。干燥过程不使用促干剂等添加剂，为天然产品，食用绿色健康。采用真空冷冻干燥方法制备的神秘果冻干粉，具有工艺简单，便于操作，产品效果好，易实现工业化生产等优点。

三、神秘果汁加工

（一）工艺流程

神秘果→采摘→挑选、清洗→打浆→过滤→调配→脱气、均质→杀菌→冷却→灌装→神秘果汁成品。

（二）操作要点

1. 采摘、挑选、清洗

与真空冷冻干燥神秘果果实工艺相同。

2. 打浆、过滤

清水洗净后添加等量的无菌冰水打浆（打浆过程中除去果核），得到的神秘果浆用 200 目滤布过滤，得到神秘果汁。

3. 调 配

得到的神秘果汁与其他一些酸性果汁（如柠檬汁、西柚汁、橙汁等）投入调配缸，加入辅料进行调配。其中，稳定剂可选择适量的 CMC-Na（0.05% ~ 0.5%）、黄原胶（0.01% ~ 0.08%）、结冷胶（0.005% ~ 0.01%）、海藻酸钠（0.05% ~ 0.5%）、卡拉胶（0.05% ~ 0.5%）等。注入纯化水搅拌 10~20 min，制成果液。

4. 脱气、均质

混合均匀后要进行脱气处理，除去果液中的氧气，防止营养成分的氧化。一般在真空度 80 kPa 条件下进行脱气 3~5 min。果液经过均质处理后更均匀，可延缓或避免分层。

5. 杀 菌

神秘果汁杀菌可采用两种方式：一是均质后进行巴氏杀菌，在 80~85℃条件下杀菌 20~30 min。二是均质后进行超高温瞬时杀菌，保持在

135℃温度下 3~5 s 杀菌。目前果汁加工发展趋势更偏向使用超高温瞬时杀菌，能更好保持果汁的风味口感，易保存。

6. 冷却、灌装

杀菌后的果汁须快速冷却到35℃以下，然后进行灌装、封盖，得神秘果汁饮料成品。长时间高温产品容易变质，快速降温利于保证产品质量。

（三）产品配方和特点

一种神秘果汁饮料，其配方包括以下原料：神秘果汁 6~12 kg，柠檬汁 8~20 kg，CMC-Na 0.06~0.2 kg，黄原胶 0.01~0.05 kg，纯化水 50~150 kg。

神秘果中因本身含有变味蛋白酶可制成天然甜味剂，取代饮料中添加的蔗糖。与一些高酸度的纯果汁调配，既可改善酸涩口感，也降低了饮料的含糖量，是一种保留原有水果营养成分的健康果汁饮料。

四、神秘果乳酸菌保健饮料

（一）工艺流程

神秘果→采摘→挑选、清洗→打浆→过滤→调配→一次均质→杀菌→发酵→二次均质→无菌灌装→冷藏保存。

（二）操作要点

1. 采摘、挑选、清洗、打浆、过滤

与神秘果汁加工工艺相同。

2. 调 配

神秘果汁与脱脂奶粉溶液、稳定剂、乳化剂等配料混合均匀。

3. 一次均质

加入木糖醇，搅拌加热至50~60℃后，经均质机 30~35 MPa 进行均质一次。

4. 杀 菌

均质后进行灭菌处理，搅拌加热温度至80~90℃，保持 20 min。

5. 发 酵

将活化的乳酸菌接入到神秘果汁中，在恒温条件下进行发酵，发酵温度37~42℃，发酵时间24~72 h。

6. 二次均质

发酵完成后进行过滤，然后在 20~25 MPa 条件下进行均质。

7. 无菌灌装、冷藏保存

立即冷却进行无菌灌装，得到成品，于 2~7℃冷藏保存。

（三）产品配方和特点

一种神秘果乳酸菌保健饮料，每 100 质量份饮料由以下质量份原料制成：神秘果 1~2 份、神秘果鲜树叶 1~2 份、枸杞子 1~2 份、阿雅紫番薯 3 份、脱脂奶粉 2.6~3.6 份、车前子胶 0.1 份、罗望子胶 0.2~0.4 份、葫芦巴胶 0.1 份、藻酸丙二醇醋 0.05 份、梭甲基纤维素钠 0.2~0.28 份、木糖醇 19~23 份、复合乳酸菌发酵剂 0.02~0.03 份，余量为水。

乳酸菌发酵饮料不仅赋予产品特有的风味和独特的口感，更可改善食品的营养价值，有营养保健作用。其中，果蔬汁经过乳酸发酵后增加了营养成分和保健功效。神秘果汁经过乳酸菌发酵后，其有机酸和挥发性成分发生显著变化，制得一种降血糖、抗氧化、营养丰富的神秘果乳酸菌保健饮料，可作为新型健康饮品。

五、神秘果发酵酒加工

（一）工艺流程

神秘果→采摘→挑选、清洗→打浆→过滤→发酵→澄清过滤→陈酿→无菌灌装→包装。

（二）操作要点

1. 采摘、挑选、清洗、打浆、过滤

与神秘果汁加工工艺相同。

2. 发 酵

发酵前对神秘果汁的 pH 值和糖度进行调节，pH 值调至 4.0 左右，加白砂糖将糖度调至 18°左右，然后密封，接入酿酒酵母进行发酵。神秘果酒的品质影响主要因素之一是发酵程度，温度过高、时间过长都会使得神秘果酒失去本身的风味，因此需要控制好发酵程度。适合神秘果酒发酵条件是发酵温度为 10~25℃，发酵时间为 6~10 d。酿酒酵母的接入量一般占果汁总重量的 3%~10%，用量过少达不到效果，用量过多会对风味造成影响。果酒发酵过程中因为生成酒石酸而使得产品带有酸味，影响神秘果酒的口感，可以添加 0.1~0.2 g/kg 偏重亚硫酸钾除去果酒中的酒石酸，从而降低果酒酸味，提高产品稳定性和品质。

3. 澄清过滤

神秘果酒发酵完成后，需要通过添加沉淀剂除去果酒中存在的沉淀物，从而进一步提高产品的品质。添加 0.2~5.0 g/kg 的明胶或皂土搅拌均匀，然后待静置分层后过滤得到清亮透明的神秘果酒。

4. 陈　酿

将过滤后的神秘果酒放入陈酿罐陈酿 3 个月以上，得到口感醇厚香浓的神秘果酒。

5. 无菌灌装

将陈酿后的神秘果酒无菌瓶装，包装后入库。

（三）产品特点

酿酒酵母发酵过程复杂，最终产物主要是乙醇和二氧化碳，以及少量的甘油、挥发性成分（包括醇类、酸类、酯类、醛类等），还会有多种中间产物的生成。

神秘果酒的香气来源是神秘果本身含有的特殊香气成分，发酵过程生成的挥发性成分带有的特殊芳香气味，如挥发酯类、醇类、酸类、醛类等成分，以及有机酸与醇类在储存过程中结合成酯生成的香气。神秘果酒的味觉来源主要是发酵过程中生成的酒精，神秘果本身含有的有机酸和发酵过程中生成的有机酸，以及果酒中的一些糖类成分等。

一种神秘果发酵酒的酿造方法主要包括原料处理、发酵、澄清过滤、陈酿等步骤。神秘果发酵酒生产简单，投入费用低，可提高神秘果的综合利用率。神秘果酒色泽稳定，酒体透明，口感甘醇，是一种营养健康的果酒，而且对治疗高血压、高血脂、动脉硬化等起到一定效果。

六、神秘果醋加工

（一）工艺流程

神秘果→采摘→挑选、清洗→打浆→过滤→杀菌→酒精发酵→醋酸发酵→二次过滤→无菌灌装。

（二）操作要点

1. 采摘、挑选、清洗、打浆、过滤

与神秘果汁加工工艺相同。

2. 杀　菌

蒸汽加热至 80~90℃，保持 20 min 进行灭菌、灭酶处理。

3. 酒精发酵

接种酵母进行酒精发酵，在温度 20~30℃条件下进行发酵至果汁酒精度为 7°左右，一般发酵时间为 6 d 左右，酒精发酵结束。

4. 醋酸发酵

接种醋母到果汁中，保持 25℃左右进行静置发酵。当液面出现薄膜，表明生成醋酸菌膜，开始进行醋酸发酵。发酵过程中需要配合搅拌，利于发酵进行，当果汁酸度不升高时发酵结束，一般发酵周期为 20 d 左右，酸度可达 5% 以上。

5. 无菌灌装

将发酵完成后的神秘果醋用 200 目筛把果渣除去，然后进行除菌处理后灌装，制得一种神秘果醋。

（三）产品配方和特点

由于神秘果易自发酵，使得在醋酸发酵过程中容易变质。神秘果醋饮料配方实例：将 10 kg 鲜神秘果预处理，与 20 kg 白米醋混合，接种酵母发酵 12 d 后滤去果渣，进行除菌处理后灌装制得一种神秘果醋。这种发酵方式解决了神秘果醋发酵过程中易变质的难题，并保持自身的功能活性物质。

神秘果醋风味纯正、口感柔和，且富含维生素、氨基酸、有机酸等营养成分，具有神秘果和食醋共有的营养保健功能。果醋具有维持人体酸碱平衡，消除疲劳的功效，能有效地清除人体内的过氧化基，起到延缓衰老和提高免疫力的功效。

七、神秘果降糖果片加工

（一）工艺流程

神秘果→采摘→挑选、清洗→打浆→过滤→制备果肉提取物、果素→调配→混合→制软材→制湿粒→干燥→整粒→压片→灭菌→包装。

图9-4为按照该工艺流程制作的神秘果降糖果片。

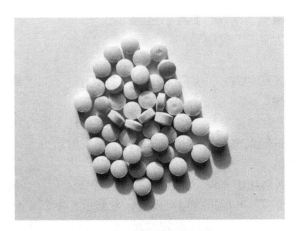

图9-4 神秘果降糖果片

（二）操作要点

1. 采摘、挑选、清洗、打浆、过滤

与上述神秘果汁加工工艺相同。

2. 神秘果果肉提取物的制备

称取适量神秘果果肉，加入85%乙醇水溶液，溶剂体积为固体质量的15倍，进行超声波辅助提取，提取温度为50℃，按上述方法提取3次，合并提取液后真空浓缩至无醇味，将所得到的浓缩液加入5倍体积的50℃的水，超声振荡分散60 min，静置30 min，分离去除非匀相杂质后，在温度为-50℃，干燥时间为48 h的条件下进行真空冷冻干燥，得到为疏松多孔粉红色固体的神秘果果肉提取物，经超微粉碎后，过120目筛备用。

3. 神秘果素的制备

将神秘果果肉残渣采用0.5 mol的NaCl水溶液进行超声波辅助提取，离心后取上清液，采用超滤系统进行浓缩和分离蛋白质，超滤2次，先以5倍体积pH值为4的蒸馏水分3次清洗，去除部分杂质，再以5倍体积pH值为4的0.5 mol NaCl溶液清洗，得到神秘果素溶液，真空干燥后，得到神秘果素备用。

4. 调配、混合

将得到的神秘果素和神秘果果肉提取物按照合适的比例进行混合，分别添加辅料微晶纤维素、质量比为 1∶1 的聚维酮+聚维酮、PEG 6000、淀粉等进行调配。过 100 目筛后充分混合均匀。

5. 制软材

将混合均匀的物料，加入 90% 乙醇水溶液作为湿润剂制成软材。软材的软硬度以手搓之成团，揉之即散为准。

6. 制湿粒

制好的软材过 20 目筛制成湿粒。制成颗粒后再压片，在一定程度上可改善压片物料的流动性和可压性，同时可防止粉状食品加工时粉尘飞扬，提高充填效率，防止片剂的吸水性。经造粒后的神秘果含片口含无粉状感，酸甜度均匀，质地较硬，不易裂片。

7. 干 燥

制湿粒后要迅速干燥，放置过久易结块。制成的湿粒铺于托盘上，厚度不超过 2 cm，温度为 60℃，进行干燥，干燥后的颗粒含水量在 5% 以下。

8. 整粒与压片

向干燥后的颗粒中加入硬脂酸镁，混匀，压片，即得神秘果片剂成品。为使含片表面光滑，更易脱模，添加一定润滑剂混合均匀，送入压片机压片。所得片剂不得出现裂片、散片现象。

9. 灭菌与包装

将片剂放在紫外线下照射 15 min，然后进行泡罩包装，使之避光、密封，有利于果片保存。

（三）产品配方和特点

神秘果降糖片配方包括以下质量份的原料：150~500 份神秘果果肉提取物，5~10 份神秘果素，80 份微晶纤维素，30 份聚维酮+聚维酮 K30（质量比为 1∶1），8 份 PEG 6000，15 份淀粉等。

100 g 重神秘果果肉提取物中，包含抗坏血酸 28~29.8 mg、表儿茶素 17.5~18.1 mg、没食子酸 10.5~10.9 mg、阿魏酸 5.7~5.9 mg、丁香酸 3.1~3.5 mg、芦丁 2.7 mg、槲皮素 1.0~1.2 mg、杨梅黄酮 0.7~0.9 mg、鞣花酸 0.4 mg、山奈酚 0.3 mg、飞燕草素葡萄糖苷 0.7~0.9 mg、矢车菊素半乳糖苷 2.5~2.7 mg、锦葵色素半乳糖苷 9.4~10.8 mg、叶黄素 0.4 mg、α-生育酚 5.5~6.1 mg、β-生育酚 0.5~0.7 mg、γ-生育酚 0.9~1.1 mg。

神秘果制剂采用神秘果为原料，材料新颖，既可以起到变味剂的效果，也可以作为食品和医药的添加剂，可改善机体对血糖的调节能力，起到降糖的效果。此外，该产品对于神秘果素的提取方法简便，容易实现，且提取率高，不易失活；同时制成神秘果提取物微粒后活性保持时间长，降糖效果明显。

该产品不仅可以解决不能进食糖类的病人和减肥者的饮食瓶颈，同时也可以作为降低血糖的辅助治疗食品。该产品制作过程简单，降糖效果明显，有效成分安全稳定，生物利用度高且便于携带。

八、神秘果酱加工

（一）工艺流程

神秘果→采摘→挑选、清洗→打浆→过滤→配料→冷冻浓缩→装罐→密封→杀菌→冷却→果酱。

（二）操作要点

1. 采摘、挑选、清洗、打浆、过滤

与神秘果汁加工工艺相同。

2. 调配

所用的配料均应事先配制成浓溶液备用。砂糖应加热溶解过滤，配成70%~75%的浓糖浆。

3. 冷冻浓缩

将处理好的神秘果浆进行悬浮式冷冻浓缩，浓缩至可溶性固形物含量达到65%左右即可。悬浮式冷冻浓缩工艺是一种在冰点以下的浓缩方式，包括低温冷却、冰晶的形成及长大、固液分离3个过程。现有研究表明，与传统的加热浓缩工艺相比，悬浮式冷冻浓缩工艺对营养物质破坏程度相对较低。目前由于这种浓缩方式投资大，成本高，影响了其较大范围推广，因此仍需进一步研发出更低成本的冷冻浓缩设备，以使该浓缩方法更好地推广使用，工业化生产更易实现。

4. 装罐密封

包装容器一般用玻璃瓶或防酸涂料铁皮罐。先将容器清洗消毒，快速装罐密封。

5. 杀菌冷却

封罐后需进行杀菌处理，一般选择 90～100℃杀菌 15 min。杀菌后马上冷却至40℃左右，玻璃瓶罐要分段冷却且温差不超过20℃，以防炸瓶。

（三）产品配方和特点

该神秘果果酱的配方，包括以下质量份的原料：神秘果 200～500 份，薏苡仁 30～50 份，茼蒿菜 20～40 份，三七 8～15 份，桂花 3～5 份，香蜂花叶 2～4 份，佩兰 2～5 份，冰糖 30～50 份，果葡糖浆 7～13 份，果冻粉 10～25 份，亚麻籽粉 5～10 份，水适量。其中，制备薏苡仁浆：用 0.1% 的碳酸氢钠溶液浸泡后蒸煮，加水打浆，过滤除渣得到薏苡仁浆；制备蔬菜汁：将茼蒿菜清洗干净，加水打浆，过滤得到蔬菜汁；制备营养液：将三七、桂花、香蜂花叶、佩兰清洗后混合，加水常温浸泡 5～10 h，然后 60～70℃温度下水浴 1～2 h，过滤得营养液；制备冰糖果葡糖浆溶液：将冰糖和果葡糖浆加适量水溶化，过滤得溶液备用。

神秘果果酱是以神秘果搭配薏苡仁、茼蒿菜、三七、桂花、亚麻籽粉等原料制备而成，所得的果酱酱体细腻、口感清爽、酸甜适度，具有清新润喉、促进消化、增强食欲等功效，是一种有益于人体健康的产品。

九、神秘果薯片加工

（一）工艺流程

分别制备营养调味酱和神秘果薯片，其加工工艺流程如下。

1. 营养调味酱

神秘果→采摘→挑选、清洗→打浆→过滤→混合、搅匀、冷冻浓缩→调味酱。

2. 神秘果薯片

马铃薯泥→制团块→压片→蒸熟风干→油炸→脱油→抹酱→真空包装。

（二）操作要点

1. 采摘、挑选、清洗、打浆、过滤

与神秘果汁加工工艺相同。

2. 混合、搅匀、冷冻浓缩

将神秘果浆汁与其他配料混合，搅拌均匀，通过冷冻浓缩制得调味酱,可溶性固形物含量达到 65% 左右。

3. 制团块、压片、蒸熟风干

将马铃薯泥与其他配料（如香米粉、木薯粉、食盐、糖浆等）混合均匀并制成团块,然后用模具压成薄片,厚度在 1~2 mm,然后蒸熟风干得到薯片坯。

4. 油　炸

将薯片坯放入油炸锅油炸,至薯片表面金黄且口感香脆,得到油炸薯片。

5. 脱油、抹酱和真空包装

将油炸薯片离心脱油后,在薯片表面均匀抹上营养调味酱,真空包装即得成品。

（三）产品配方和特点

该神秘果薯片配方,包括以下质量份配比的原料:神秘果 20~30 份,马铃薯泥 80~100 份,泰国香米粉 15~20 份,燕麦粉 15~20 份,食盐 2~4 份,果葡糖浆 2~4 份,水适量,铁皮石斛 3~6 份,玫瑰花 2~3 份,回春草 1~2 份,紫苏叶 1~2 份,千日红 1~3 份,松子粉 2~6 份。

神秘果薯片保留马铃薯原有的营养成分,并添加了神秘果等具有较高营养价值的原料,制作出来的薯片酥脆香美,且具有一定的保健作用。

十、神秘果脯加工

（一）工艺流程

神秘果→采摘→挑选、清洗→预处理→预煮→糖制→干燥→包装。

（二）操作要点

1. 采摘、挑选、清洗

与神秘果汁加工工艺相同。

2. 预处理

切半去核,放入氯化钙溶液浸泡 5 h 以上后滤干放入亚硫酸溶液浸泡,然后清水清洗后沥干水分。

3. 预　煮

预处理后的神秘果放入 90℃以上盐水中预煮 5 min。

4. 糖　制

糖制是果脯加工的主要操作，是原料进行排水吸糖的过程。糖渍和糖煮是糖制的主要方法，真空条件下可提高渗糖速度并提高品质。将煮后的神秘果放入糖液中进行煮制。

5. 干　燥

当神秘果达到含糖量后，捞起洗去表面糖液，有利于干燥。控制烘房温度在 60~65℃ 条件下进行干燥，其间需要进行翻转和回湿。注意烘房温度过高，会导致糖分结块或焦化。

6. 包　装

产品从烘房出来冷却后，包装即得神秘果果脯。

由于包装都需要使用到不同规格的包装品，而不同的包装品其高度、接料口的角度均有差异。但是，现有的神秘果果脯包装机下料装置，其结构较为固定，下料口的高度位置、角度朝向不便调节，使用不够方便，降低了包装效率。因此，为了解决现有技术中存在的缺点而提出一种方便调节的神秘果果脯包装机用下料装置（图 9-5）。底板上端一侧固定连接立柱，立柱靠近上端的侧壁上固定连接横板，横板上端贯穿设放置槽，放置槽内设接料斗，且接料斗固定连接在横板上，接料斗的下方设下料斗，且下料斗与接料斗之间连接伸缩机构，立柱的侧壁上设安装槽，安装槽内设升降机构，且升降机构的升降端与下料斗之间连接有角度调节机构。通过设置升降机构、伸缩机构，启动电机，驱动螺杆转动，由于活动块与螺杆螺纹连接，可使得活动块沿着安装槽内上下滑动，进而带动下料斗升降，调节高度，即可根据不同高度的包装品，灵活调节下料斗的高度，使用便捷。通过设置角度调节机构，下料斗可绕着连接杆转动，通过启动电动伸缩杆，即可带动下料斗转动，调节朝向，可根据不同包装品的接料位置，调节适应。

（三）产品特点

神秘果果脯通过预处理、预煮、糖制、干燥等步骤制得，预煮可以让神秘果组织紧密，改变渗透性利于糖分渗入。神秘果脯味道可口、风味独特，含有丰富的矿物质、果酸及多种维生素，具有美颜瘦身、健胃消食、调节血压等效果。

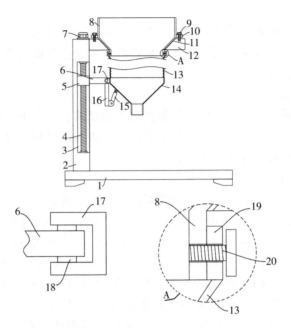

1-底板　2-立柱　3-安装槽　4-螺杆　5-活动块　6-连接杆　7-电机　8-接料斗
9-第一螺栓　10-固定块　11-放置槽　12-横板　13-伸缩管　14-下料斗
15-电动伸缩杆　16-竖板　17-"U"形块　18-转轴　19-套环　20-第二螺栓

图9-5　神秘果果脯包装机下料装置结构

十一、神秘果糕加工

（一）工艺流程

神秘果→采摘→挑选、清洗→打浆→过滤→混合→搅拌均匀→成型→
蒸熟→脱模→滚面→包装。

（二）操作要点

1. 采摘、挑选、清洗、打浆、过滤

与上述神秘果汁加工工艺相同。

2. 混合、搅拌均匀

将面粉、油脂、神秘果浆以及其他配料混合，搅拌均匀。

3. 成型、蒸熟、脱模

将混匀的原料装入模具中成型，经过高温蒸熟后，冷却脱模。

4. 滚面、包装

将蒸熟的果糕用芝麻粉滚面，真空灭菌包装即得成品。

（三）产品配方和特点

该种神秘果糕的配方，包括以下质量份的原料：神秘果 25～50 份，糯米粉 25～50 份，珍珠米粉 40～70 份，香菇 3～5 份，玫瑰花 2～3 份，仙草 1～3 份，人参叶 2～3 份，玫瑰果 2～3 份，玉米油 2～5 份，芝麻粉 3～5 份，纯净水适量。

神秘果糕是以神秘果浆作为糕点原料，并加入其他营养配料成分制得的一种糕点，其酥香可口，疏松绵软，营养丰富，具有增加食欲、养胃健身等保健功效。神秘果糕的生产工艺简单，设备简洁，易于实现标准化生产。

十二、神秘果饼干加工

神秘果饼干类似蔓越莓曲奇，以神秘果果皮代替蔓越莓，制作曲奇饼干（图 9-6）。

图 9-6　神秘果曲奇

（一）工艺流程

黄油、糖粉、鸡蛋→打发
↓

神秘果→采摘→挑选、清洗→打浆→过滤→搅拌、混合→成型→速冻→切片→烘烤→冷却→包装。

（二）操作要点

1. 采摘、挑选、清洗、打浆、过滤

与神秘果汁加工工艺相同。

2. 打 发

将软化的黄油和糖粉混合进行打发，先低速搅拌均匀后加入鸡蛋，然后高速进行搅拌打发，搅拌到黄油成羽毛状。

3. 混 合

将神秘果浆、果皮与打发好的黄油混合，加入低筋面粉搅拌均匀。

4. 成 型

混合好的原料放入料缸中通过挤注成型。

5. 速冻、切片

成型后进行速冻，然后切片，厚度 0.5 cm 左右。

6. 烘烤、冷却、包装

进入烤炉进行烘烤，上火温度 170~180℃，下火温度约 150℃，烘烤时间 11~15 min。烤好后冷却至饼干温度低于 35℃，然后包装。

（三）产品配方和特点

该神秘果饼干的配方，包括以下质量份的原料：神秘果 25~30 份，面粉 90~100 份，黄油 40~65 份，糖 15~25 份，鸡蛋 15~20 份。

以神秘果浆和果皮作为饼干配料，制作的神秘果曲奇饼干色泽金黄，质感良好，入口香酥，香气淡雅而微甜。

第三节　神秘果副产物综合利用技术

一、神秘果叶养生茶加工

（一）工艺流程

采摘、清洗→晒青→摇青→静置→杀青→揉捻→烘干→精制→提香→

复配→包装贮存。

图9-7为按照上述工艺流程制作的神秘果茶。

图9-7　神秘果茶

（二）操作要点

1. 采摘、清洗

采摘神秘果新鲜无病虫害的嫩叶，一般选择开花前新生顶芽的3~4片红色鲜嫩叶。叶片干净，无其他异物且无异味。用清水将神秘果叶上的泥尘清洗干净。

2. 晒青、摇青、静置

将新采摘的神秘果嫩叶立即平铺在阴凉处晾晒，使鲜叶散发热气，并减缓其失水速度；使鲜叶的水分重新分布，并恢复其稍硬挺状态。

3. 杀　青

经过瞬间高温杀青，使原料中的内源酶活性钝化，高沸点的芳香物质显露，呈现茶香；散发鲜叶部分水分，为茶叶的塑形创造条件。

4. 揉　捻

使茶叶卷紧成条，缩小体积，为烘干成形打好基础；适当的破坏叶片组织，使茶汁容易浸出，且耐冲泡。

5. 烘 干

进一步散发茶叶的水分，达到干燥要求；促进热化学作用，发展和完善茶叶产品的形、色、香、味等品质特征。

6. 精制、提香

在精制和提香过程中，叶片组织收缩，茶叶颗粒更加紧结、美观；由于多酚类化合物的理化特性发生质的变化，所以提香使茶叶的滋味更加醇厚，促使芳香物质进一步形成。

7. 复 配

复配其他功能茶，以增加其色泽和口感，使其口感更加温醇，功效更加突出。

8. 包装贮存

使茶叶易于保存，功效得以持久保持，且取用方便、冲泡简单。

（三）产品配方和特点

神秘果叶养生茶配方实例：神秘果茶叶 20~30 份，姜丝糖 5~10 份，红茶 30~40 份，沸水 400~600 份，浸泡 20~30 s 即可得到味道甘甜爽口的神秘果养生茶。

神秘果养生茶既能保留原有茶味的有效营养成分，又能改善单配方神秘果茶的干涩口感，加入的姜丝富含多种营养成分，具有抗氧化、抗肿瘤、促进血液循环等多种生理功效。复配后的神秘果养生茶口感佳，功效好，常饮用有利于人体健康。

二、神秘果茶饮料加工

（一）工艺流程

神秘果复配茶叶→研磨→浸提→冷却→过滤→调配→杀菌→灌装。

（二）操作要点

1. 研磨、浸提

使用研磨机进行研磨，得到无明显颗粒、细腻的茶粉。根据所需茶水比，称取相应质量的茶粉加入 80~95℃ 纯化水，浸提机浸提 10~20 min。

2. 冷却、过滤

浸提完成后快速冷却，然后 250 目滤布进行过滤。

3. 调 配

加入一些其他配料进行风味调配。

4. 杀 菌

采用超高温瞬时杀菌，135℃以上杀菌4~6 s。

5. 灌 装

冷却后，在无菌条件下进行灌装。

（三）产品配方和特点

神秘果茶饮料配方实例：神秘果复配茶叶50~70份（神秘果茶叶与红茶的质量比为1∶2），纯化水2 500~3 500份。

神秘果茶饮料是由神秘果叶片加入红茶复配而成的饮料，其口感饱满纯正，回味甘醇，气味幽香，具有促进胃肠蠕动、抗氧化、延缓衰老、降血糖、增强机体免疫力等保健功效。神秘果叶作为茶剂口感干涩，难以下咽，经过复配后改善其风味口感，也保留原有的有效营养成分，对神秘果茶剂生产提供了一定的参考依据，也为实现神秘果叶的商业价值开拓了新途径。

三、神秘果无蔗糖月饼加工

（一）工艺流程

鲜神秘果叶、果皮→挑选、清洗→制皮料、制馅料→混合→成型→烘烤→冷却→包装。

（二）操作要点

1. 挑选、清洗

选用无虫害、无霉烂变质、无破损的优质成熟神秘果叶和果皮，清水洗净。

2. 制皮料

将糖醇与油脂混合，中速搅匀，加入2/3面粉搅匀后，加入神秘果叶煮提液和神秘果皮混合均匀，搓揉成光滑面团，制得皮料。将此面团装入塑料袋或用保鲜膜盖好，静置松弛约40 min后根据所需大小分割成小油皮面团，压平，即可用于包馅。

3. 制馅料

将神秘果叶煮提液与其余馅料（包括豆沙、莲蓉、枣泥、果仁等）混合均匀，制得馅料。

4. 成　型

将馅料包入面团中，揉成球状把馅料完全包住，然后将面团放入模具压制成型。

5. 烘　烤

将成型的饼胚放入烤炉烘烤，烘烤温度保持在 165～180℃，烘烤 25 min 左右。

6. 冷却、包装

刚出炉的月饼温度和水分都处于较高水平，只有月饼中的水分蒸发、温度下降、油脂凝固后才能使其形态固定下来。冷却环境适宜温度 30～40℃，冷却后应立即包装。

（三）产品配方和特点

该神秘果无蔗糖月饼配方实例如下。

皮料用料：面粉 1.2 kg，麦芽糖醇 0.5 kg，木糖醇 0.3 kg，橄榄油 0.4 kg，神秘果叶煮提液 0.2 kg，神秘果皮 0.06 kg。

馅料用料：炒荞麦粉 1.2kg，炒玉米粉 1.2 kg，炒芝麻 0.6 kg，魔芋胶粉 0.05 kg，麦芽糖醇 0.3 kg，木糖醇 0.2 kg，神秘果叶煮提液 0.8 kg。

该产品以一些糖醇为代替蔗糖，具有热量低、口感好、不龋齿等特点。神秘果叶能解腻，口感清爽，具有降血糖作用，神秘果皮能使饼皮产生紫红色亮丽色泽，制得的神秘果无蔗糖月饼口感软糯香甜，与普通月饼相比，更加营养和健康。

四、神秘果系列护肤品开发

（一）工艺流程

神秘果叶→采摘、清洗→酶处理→提取→浓缩、分离→加压浓缩、灭菌→混合→复方神秘果叶提取物。

图 9-8 为神秘果系列化妆品。

（二）操作要点

1. 采摘清洗

与神秘果养生茶加工工艺相同。

图9-8 神秘果系列化妆品

2. 酶处理

按照重量百分比准备原料，添加酶溶液处理，并进行负压空化提取（温度为18~60℃，提取压力为-0.07~-0.04 MPa），酶溶液对神秘果叶重量比为（0.2~1）：100，得到神秘果叶提取液，神秘果叶提取液浓缩后分离，收集洗脱液。

3. 加压浓缩、灭菌

将洗脱液经过加压浓缩，灭菌后得到神秘果浓缩液。

4. 混 合

制备混合浓缩液：将其余原料中的樱花、茯苓、白蒺藜、灵芝、当归、甘草洗净后烘干粉碎，混合得到混合粉末；将混合粉末和60%~96%的乙醇组成溶剂按照1：（20~30）的质量比混合，48~65℃超声提取2 h，得到混合提取液；混合提取液经过多级过滤后，浓缩、灭菌，得到混合浓缩液。

将混合浓缩液和神秘果叶浓缩液按比例混合，得到复方神秘果叶提取物。

（三）产品配方和特点

该产品由神秘果叶与多种药食同源的原料制备，原料包括以下质量百分比的组分：神秘果叶 40%～50%，樱花 8%～15%，茯苓 5%～10%，白蒺藜 5%～10%，灵芝 5%～10%，当归 10%～15%，甘草 5%～10%。

神秘果叶也可以单独作为美白成分加入化妆品或保健品（保健饮品等）中，将神秘果叶及樱花、茯苓、白蒺藜、灵芝、当归进行复配，可作为美白成分应用于化妆品、保健品中，采用君臣佐使的原则，各药用成分相互辅助，美白效果更加显著。

五、神秘果复合饲料加工

（一）工艺流程

神秘果叶→采摘、清洗→粉碎→配料→调质→制粒→冷却→破碎→筛分→复合饲料。

（二）操作要点

1. 采摘、清洗

如与神秘果养生茶加工工艺相同。

2. 粉　碎

将神秘果叶捣碎备用。将稻谷、玉米、豆粕、麦麸、栗壳、红豆、甘蔗渣混合均匀后粉碎备用。将人参、生姜、甘草、干玉米须加水煎煮，过滤后，药渣粉碎，与药汁一起备用。

3. 配　料

将所有粉碎的组分根据配方的比例混合放一起。

4. 调　质

调质的好坏直接决定着颗粒饲料的质量。将配合好的干粉料调质成为含有一定水分、利于制粒的粉状饲料。目前我国饲料厂都是通过加入蒸汽来完成调质过程。

5. 制　粒

制粒主要分为环模制粒和平模制粒。将调质好的粉状饲料经过制粒设备，利用热、水分和压力制成颗粒饲料。

6. 冷　却

颗粒饲料刚从制粒机出来时，温度和含水量较高，使得颗粒饲料容易变形破碎，贮藏时也会产生黏结和霉变现象，这就需要冷却，使得水分和温度降下来。

7. 破 碎

将物料制成同一规格颗粒，可以节省电力，增加产量，提高质量。根据畜禽饲用时的粒度用破碎机破碎成合格适用的产品。

8. 筛 分

颗粒饲料经粉碎工艺处理后，会产生一部分粉末凝块等不符合要求的物料，因此破碎后的颗粒饲料需要筛分成颗粒整齐、大小均匀的产品。

（三）产品配方和特点

一种神秘果叶肉鸡复合饲料配方实例：神秘果叶 2~3 份，稻谷 40~50 份，玉米 20~24 份，豆粕 12~15 份，麦麸 30~34 份，栗壳 12~14 份，红豆 3~4 份，甘蔗渣 20~23 份，人参 1~2 份，生姜 1~2 份，甘草 1~2 份，干玉米 1~2 份，食盐和水适量。

神秘果复合饲料的原料改善了传统饲料原料营养单一的现象，甘蔗渣、栗壳等原料营养丰富、价格低廉，特别添加的神秘果叶、人参、生姜等原料中含有大量的活性成分，能够调节肉鸡机体代谢，增强免疫能力。

六、神秘果叶在药品及保健品中的应用

（一）工艺流程

神秘果叶→匀浆破碎→超声提取→离心→减压蒸馏→冷冻干燥→层析→二次冷冻干燥→神秘果叶提取物。

（二）操作要点

1. 匀浆破碎

挑选无虫害、无霉烂变质、无破损的优质神秘果叶，清洗后，去掉叶表水分，放入匀浆破壁机中匀浆破碎后，收集组织浆液待用。

2. 超声提取

加入 70%~90% 乙醇水溶液，溶剂体积为固体质量的 15 倍，进行超声波提取，提取温度为 50℃。离心收集上清液。

3. 减压蒸馏、冷冻干燥

所述上清液经减压蒸馏、冷冻干燥得到神秘果叶粗提物。将上述醇提取液经 40℃ 减压蒸馏，在 -35℃ 下冷冻干燥 24 h 得到神秘果叶粗提物。

4. 层 析

将上述神秘果叶粗提物溶解于水中，并经大孔树脂 AB-8 处理，先用

蒸馏水过柱去糖后，用60%乙醇洗脱，收集洗脱液。洗脱液在-50℃的温度下真空冷冻干燥48 h，得到固体的神秘果叶提取物粉末。

（三）产品实例和特点

神秘果叶提取物抗肿瘤试验：神秘果叶提取物斑马鱼体内抗肿瘤血管生成实验。基于实验结果，本发明证实了神秘果叶提取物具有体内抗肿瘤血管生成的新用途，可用于制备抗肿瘤的分子靶向药物，而不会产生传统化疗药物的耐药性和毒副作用。

神秘果叶提取物具有明显的抗肿瘤血管生成作用，毒副作用小，目标疗效确切，不易产生耐药性。因此，神秘果叶提取物可用于制备新型抗肿瘤血管生成的分子靶向药物。

七、神秘果树根在药品及保健品中的应用

（一）工艺流程
神秘果树根→提取→萃取或层析→神秘果树根提取物。

（二）操作要点

1. 提 取
将神秘果树根用有机溶剂提取，得到神秘果树根有机溶剂提取物。

2. 萃取或层析
萃取：将神秘果树根有机溶剂提取物溶于水中，然后用乙酸乙酯萃取，得到神秘果树根提取物。

层析：将神秘果树根有机溶剂提取物上D101大孔树脂柱，然后用体积分数为30%~40%的乙醇洗脱，再用体积分数为80%~95%的乙醇洗脱，收集体积分数为80%~95%的乙醇洗脱部位，浓缩干燥，即得神秘果树根提取物。

（三）产品实例和特点

神秘果树根提取物实例1：取1 kg干燥的神秘果树根粉碎，用5 L乙醇加热回流提取2次，每次1 h，合并提取液，浓缩得神秘果树根乙醇提取物77 g；加入2 L水溶成悬浊液，然后用2 L的乙酸乙酯萃取即得神秘果树根提取物31 g。

神秘果树根提取物实例2：取1 kg干燥的神秘果树根粉碎，用5 L乙

醇加热回流提取 2 次，每次 1 h，合并提取液，浓缩得神秘果树根乙醇提取物 73 g；上 D101 大孔树脂柱，先用 3 倍柱体积的体积分数为 40% 的乙醇溶液洗脱，再用 8 倍柱体积的体积分数为 80% 的乙醇水溶液洗脱，收集洗脱部位溶液，浓缩干燥，即得神秘果树根提取物 21 g。

用小白鼠进行试验证明，神秘果根提取物具有降血糖、降血脂作用。试验结果表明实例 1 和实例 2 的提取物具有显著的降血糖效果，经大孔树脂技术制备的提取物优于萃取技术制备的提取物。

神秘果树根提取物具有很好的降血糖和降血脂作用，可用于制备具有降血糖或降血脂作用的药物或保健品。目前关于神秘果树根的研究不足，其提取制备和生产应用鲜有报道，需要进一步深入研究，充分开发其应用价值。

参考文献

陈铭, 2014. 一种神秘果醋的制备方法: 中国, CN104087500A [P]. 2014-10-08.

陈铭, 2014. 一种神秘果无蔗糖月饼: 中国, CN103875779A [P]. 2014-06-25.

邓开野, 钟明富, 刘长海, 等, 2012. 一种神秘果复合茶剂及其制备方法: 中国, CN102813025A [P]. 2012-12-12.

邓开野, 刘长海, 潘平平, 等, 2013. 一种神秘果发酵酒的酿造方法: 中国, CN103421639A [P]. 2013-12-04.

方龙兴, 2017. 一种神秘果薯片及其制备方法: 中国, CN106307260A [P]. 2017-01-11.

郭刚军, 袁志章, 张雪辉, 等, 2010. 神秘果及其复合物对四氧嘧啶糖尿病小鼠降血糖作用 [J]. 热带农业科技, 35 (4): 34-37.

黄巨波, 刘红, 卢圣楼, 等, 2012. 神秘果种子蛋白质的提取与降糖效用研究 [J]. 天然产物研究与开发 (10): 1441-1443.

姜伟, 马艺丹, 闫瑞昕, 等, 2015. 磁性阳离子吸附树脂在双水相体系中分离神秘果蛋白的研究 [J]. 海南师范大学学报 (自然科学版) (28): 404-409.

金莹, 何蔚娟, 张秀军, 2005. 核果类水果去核机现状的分析 [J]. 中国农村小康科技, 3 (3): 33-34.

李伴兴, 2013. 一种降血糖的神秘果乳酸菌保健饮料: 中国, CN103168850B [P]. 2013-06-26.

李远志, 罗树灿, 薛子光, 等, 2003. 真空冷冻干燥荔枝果肉工艺研究 [J]. 食品与机械 (2): 17-18.

刘成伦, 梁廷霞, 2008. 神秘果素的研究进展 [J]. 食品研究与开发, 3 (29): 147-150.

刘红，赵丹微，杨定国，等，2010. 神秘果果皮的抗氧化性［J］. 安徽农业科学（14）：356-358.

刘玉革，付琼，张秀梅，等，2015. 神秘果叶中总酚提取及其抗氧化活性研究［J］. 中国热带农业（3）：79-82.

卢圣楼，2013. 神秘果叶营养价值和挥发油化学成分分析及其总黄酮提取纯化与药理活性评价［D］. 海口：海南师范大学.

陆月霞，2017. 一种神秘果果酱及其制备方法：中国，CN106307349A［P］. 2017-01-11.

陆智，王涛，2014. 一种神秘果汁饮料及其制备方法：中国，CN103932333A［P］. 2014-07-23.

马飞跃，杜丽清，帅希祥，等，2019. 一种神秘果低温保鲜包装盒：中国，CN209536001U［P］. 2019-10-25.

马飞跃，杜丽清，帅希祥，等，2019. 一种神秘果冻干果实处理装置：中国，CN209449623U［P］. 2019-10-01.

马飞跃，杜丽清，帅希祥，等，2019. 一种神秘果花青苷的储存装置：中国，CN209535739U［P］. 2019-10-25.

马飞跃，杜丽清，帅希祥，等，2019. 一种神秘果色素提取及色素粉生产设备线：中国，ZL2019204523711［P］. 2019-11-29.

马飞跃，杜丽清，帅希祥，等，2019. 一种神秘果叶微波超声波联用提取设备：中国，CN209378493U［P］. 2019-09-13.

马飞跃，杜丽清，张秀梅，等，2019. 一种神秘果果实采摘装置：中国，CN209768247U［P］. 2019-12-13.

马飞跃，帅希祥，杜丽清，等，2020. 一种神秘果叶复合物及在抗黑色素形成产品中的应用：中国，CN110772456A［P］. 2020-02-11.

马飞跃，袁晓丽，付琼，等，2019. 神秘果制剂及其应用：中国，CN105963330B［P］. 2019-11-19.

马飞跃，张明，帅希祥，等，2020. 神秘果叶粗多糖提取工艺优化及其抗氧化活性研究［J］. 中国南方果树，49（4）：6.

马艺丹，刘红，廖小伟，等，2015. 神秘果种子多酚超声双水相复合提取工艺及其抗氧化活性［J］. 食品与机械，6（6）：183-188.

马艺丹，刘红，马思聪，等，2016. 神秘果种子多酚大孔树脂纯化工艺研究［J］. 食品与机械，32（2）：139-144.

彭常安，2014. 一种神秘果保健脯的制作方法：中国，CN104171233A
　　［P］．2014-12-03.

齐国兵，2014. 一种含有神秘果树叶的肉鸡复合饲料：中国，
　　CN103931916A［P］．2014-07-23.

齐赛男，贾桂云，雷鹏，等，2012. 神秘果种子挥发油化学成分的气
　　相色谱—质谱分析［J］．海南师范大学学报（自然科学版）（1）：
　　73-76.

孙建霞，张燕，胡小松，等，2008. 花青素的提取、分离以及纯化方
　　法研究进展［J］．食品与发酵工业（8）：111-117.

汤勇俊，杨涛，李艳芝，等，2015. 一种神秘果冻干粉的制作方法：
　　中国，CN104522564A［P］．2015-04-22.

谢玉娟，2017. 一种神秘果糕及其加工方法：中国，CN106261513A
　　［P］．2017-01-04.

禤文生，王国才，2019. 一种神秘果树根提取物及其应用：中国，
　　CN105193878B［P］．2019-07-02.

于东，陈桂星，方忠祥，等，2009. 花色苷提取、分离纯化及鉴定的
　　研究进展［J］．食品与发酵工业（3）：127-133.

袁源，李积华，林丽静，等，2014. 神秘果含片加工工艺的研究
　　［J］．食品工业，35（3）：108-111.

张秀梅，袁晓丽，付琼，等，2017. 一种神秘果果皮色素的提取方
　　法：中国，CN106967307A［P］．2017-07-21.

张知杭，林叶，林哲汇，等，2018. 水浸法提取神秘果叶黄酮类化合
　　物的工艺研究［J］．现代园艺，367（19）：48-49.

赵谋明，万福群，2013. 一种从神秘果中提取神秘素的方法：中国，
　　CN103082260A［P］．2013-05-08.

BROUWER J N, WEL H, FRANCKE A, *et al.*, 1968. Miraculin, the
　　Sweetness - inducing Protein from Miracle Fruit［J］．Nature，220
　　（5165）：373-374.

BUCKMIRE R E, FRANCIS F J, 1978. Pigments of miracle fruit, *synse-
　　palum dulcificum*, schum, as potential food colorants［J］．Journal of
　　Food Science，43（3）：908-911.

BUCKMIRE R E, FRANCIS F J, 2006. Anthocyanins and flavonols of miracle fruit, *Synsepalum dulcificum*, Schum [J]. Journal of Food Science, 41 (6): 1363-1365.

BYAMUKAMA R, KIREMIRE B T, ANDERSEN Y M, et al., 2005. Anthocyanins from fruits of *Rubus pinnatus* and *Rubus rigidus* [J]. Journal of Food Composition & Analysis, 18 (6): 599-605.

DUHITA N, HIWASA-TANASE K, YOSHIDA S, et al., 2009. Single-step purification of native miraculin using immobilized metal-affinity chromatography [J]. Journal of Agricultural & Food Chemistry, 57 (12): 5148-5151.

GORIN S, WAKEFORD C, ZHANG G, et al., 2018. Beneficial effects of an investigational wristband containing *Synsepalum dulcificum* (miracle fruit) seed oil on the performance of hand and finger motor skills in healthy subjects: A randomized controlled preliminary study [J]. Phytotherapy Research, 32 (2): 321-332.

GUNEY S, NAWAR W W, 1977. Seed lipids of the miracle fruit (*Synsepalum dulcificum*) [J]. Journal of Food Biochemistry, 1 (2): 173-184.

HE Z, TAN J S, ABBASILIASI S, et al., 2016. Phytochemicals, nutritionals and antioxidant properties of miracle fruit *Synsepalum dulcificum* [J]. Industrial Crops and Products, 86: 87-94.

HIRAI T, FUKUKAWA G, KAKUTA H, et al., 2010. Production of recombinant miraculin using transgenic tomatoes in a closed cultivation system [J]. Journal of Agricultural & Food Chemistry, 58 (10): 6096-6101.

HIWASA-TANASE K, HIRAI T, KATO K, et al., 2012. From miracle fruit to transgenic tomato: Mass production of the taste-modifying protein miraculin in transgenic plants [J]. Plant Cell Reports, 31 (3): 513-525.

HIWASAi-TANASE K, NYARUBONA M, HIRAI T, et al., 2011. High-level accumulation of recombinant miraculin protein in transgenic tomatoes expressing a synthetic miraculin gene with optimized codon usage terminated by the native miraculin terminator [J]. Plant Cell Reports, 30 (1): 113-124.

INGLETT G E, DOWLING B, ALBRECHT J J, et al., 1965. Taste-modifying properties of miracle fruit (*Synsepalum dulcificum*) [J]. Journal of Agricultural & Food Chemistry, 13 (3): 284-287.

ITO K, ASAKURA T, MORITA Y, et al., 2007. Microbial production of sensory-active miraculin [J]. Biochem Biophys Res Commun, 360 (2): 407-411.

ITO K, SUGAWARA T, KOIZUMI A, et al., 2010. Bulky high - mannose-type N-glycan blocks the taste-modifying activity of miraculin [J]. Biochimica Et Biophysica Acta General Subjects, 1800 (9): 986-992.

KIM Y W, KATO K, HIRAI T, et al., 2010. Spatial and developmental profiling of miraculin accumulation in transgenic tomato fruits expressing the miraculin gene constitutively [J]. Journal of Agricultural & Food Chemistry, 58 (1): 282-286.

KURIHARA K, BEIDLER L M, 1968. Taste-modifying protein from miracle fruit [J]. Science, 161 (3847): 1241-1243.

KURIHARA Y, TERASAKI S, 1982. Isolation and chemical properties of multiple active principles from miracle fruit [J]. Biochimica et Biophysica Acta (BBA) - General Subjects, 719 (3): 444-449.

LIU Y G, LI B, FU Q, et al., 2021. Miracle fruit leaf extract: Antioxidant activity evaluation, constituent identification, and medical applications [J]. Analytical Letters, 54 (13): 2211-2226.

MA F Y, WEI Z F, ZHANG M, et al., 2022. Optimization of aqueous enzymatic microwave assisted extraction of macadamia oil and evaluation of its chemical composition, physicochemical properties, and antioxidant activities [J]. European Journal of Lipid Science and Technology, 2100079.

SCHWARZ M, HILLEBRAND S, HABBEN S, et al., 2003. Application of high-speed countercurrent chromatography to the large-scale isolation of anthocyanins [J]. Biochemical Engineering Journal, 14 (3): 179-189.

SUN H J, CUI M L, MA B, et al., 2011. Functional expression of the taste-modifying protein, miraculin, in transgenic lettuce [J]. Febs Letters, 580 (2): 620-626.

SUN H J, KATAOKA H, YANO M, et al., 2010. Genetically stable expression of functional miraculin, a new type of alternative sweetener, in transgenic tomato plants [J]. Plant Biotechnology Journal, 5 (6): 768-777.

SUN H J, SAYAKA U, SHIN W, et al., 2006. A highly efficient transformation protocol for micro-tom, a model cultivar for tomato functional genomics [J]. Plant & Cell Physiology (3): 426-431.

THEERASIP S, KURIHARA Y, 1988. Complete purification and characterization of the taste-modifying protein, miraculin, from miracle fruit [J]. Journal of Biological Chemistry, 263 (23): 11536-11539.

TOMOMI M, MAKIKO S, RIEKO N, et al., 2009. Functional expression of miraculin, a taste-modifying protein in escherichia coli [J]. Journal of Biochemistry, 145 (4): 445-450.

TOSHIYUKI S, MEGUMU Y, SUN H J, et al., 2008. Transgenic strawberry expressing the taste-modifying protein miraculin [J]. Plant Tissue Culture Letters, 25 (4): 329-333.

YANO M, HIRAI T, KATO K, et al., 2010. Tomato is a suitable material for producing recombinant miraculin protein in genetically stable manner [J]. Plant Science, 178 (5): 469-473.